云应用系统开发技术

主　编　袁　波　赖军辉

副主编　陈国荣　郭辉平

西安电子科技大学出版社

内 容 简 介

本书从云计算理论基础知识、历史发展过程与现阶段状态、国内外云厂商的特色等入手介绍云平台。在此基础上，站在企业的视角，介绍云应用程序在开发、测试、部署、运维等各个软件开发周期中涉及的主流技术。

全书共 9 章，通过一个 Java 语言编写的 Web 应用程序案例，按开发顺序由浅至深、循序渐进地讲述了云端 Web 应用涉及的基础开发技术，包括版本控制、自动化测试、容器(Docker)、持续集成/持续交付/持续部署、DevOps 以及云平台等内容。本书结构合理、条理清晰、内容丰富。在每一章后面都配有一定数量的习题，在附录中还提供了 VisualBox 的相关知识，便于读者参考。

本书既可以作为高等院校计算机及软件相关专业本科生的课程教材，也可以作为软件培训机构的培训教材，还可以作为软件工程师、广大软件爱好者的自学读物和参考用书。

图书在版编目 (CIP) 数据

云应用系统开发技术 / 袁波，赖军辉主编. —西安：西安电子科技大学出版社，2020.4
ISBN 978−7−5606−5619−9

Ⅰ. ① 云… Ⅱ. ① 袁… ② 赖… Ⅲ. ① 云计算 ② JAVA 语言—程序设计

Ⅳ. ① TP393.027 ② TP312.8

中国版本图书馆 CIP 数据核字(2020)第 022651 号

策划编辑 戚文艳
责任编辑 张 玮
出版发行 西安电子科技大学出版社(西安市太白南路 2 号)
电 话 (029)88242885 88201467 邮 编 710071
网 址 www.xduph.com 电子邮箱 xdupfxb001@163.com
经 销 新华书店
印刷单位 咸阳华盛印务有限责任公司
版 次 2020 年 2 月第 1 版 2020 年 4 月第 1 次印刷
开 本 787 毫米×1092 毫米 1/16 印 张 12.75
字 数 301 千字
印 数 1～3000 册
定 价 32.00 元

ISBN 978−7−5606−5619−9 / TP

XDUP 5921001−1

如有印装问题可调换

本社图书封面为激光防伪覆膜，谨防盗版。

前　言

关于本书书名《云应用系统开发技术》的解释：

(1) 应用系统——针对某个明确的商业目的开发的应用软件系统，可能包含多个子软件或功能模块，与第三方软件模块(如数据库、网络存储、负载均衡、消息中间件、高速缓存等)共同集成以提供具体的商业服务，例如电子商务网站、企业客户关系管理系统等。

(2) 云——应用系统部署在云端，是应用系统的载体。云服务提供商有很多个，国外知名的如亚马逊、微软、谷歌等，国内知名的如阿里云、腾讯云等。云服务包括各厂商都能够提供的、标准化且同质化的服务，如虚拟服务器；也有厂商私有的、独特的服务，如微软 Office 365，谷歌的 AppEngine、Salesforce.com 等。

(3) 开发技术——不同于传统的自建机房的开发技术，基于公有云平台的流行而伴生的新的开发技术，它们形成了一套生态系统，包括开发、测试、部署、运维等各个软件开发生命周期涉及的技术。

从书名中可以看出，本书的侧重点是"开发技术"，而开发出的"应用系统"将最终部署在"云"平台上。

本书不会纵向深入探讨具体的开发技术细节，而是侧重于横向给读者建立一个高层次的、概要性的思维框架，即云应用系统包含哪些云平台，如何选择，有哪些相关的主流开发技术及未来的发展趋势，并通过一个云应用实例的实现串起这些开发技术。

因此，本书总体将分为以下几部分：

(1) 概要性地介绍云理论基础、历史发展过程与现阶段的状态，对比它与传统开发技术的不同之处与特点，以及未来的发展趋势。

(2) 列举和对比国内外云厂商各自的特色，并挑选亚马逊(国外)和阿里云(国内)两个云厂商做以简要介绍。

(3) 基于云的应用系统开发技术的生态系统，是本书内容的重心所在。本书讲解了在开发、测试、部署、运维等各个软件开发生命周期中涉及的主流技术，例如分布式版本控制系统 Git、自动化测试、持续集成/持续交付/持续部署、容器(Docker)、DevOps(运维)等。

(4) 站在企业的视角，模拟从一个业务需求开始，到具体实施上线的全过程，以此串起本课程的全部知识点。

本书的示例代码托管在 GitLab 上，是开放的，读者可以自行下载，地址：https://gitlab.com/bobyuan/20190224_cloudappdev_code。

限于作者的水平和学识，书中难免存在疏漏和不妥之处，诚望读者不吝赐教，以便修正，让更多读者受益。

最后，谨向关心和支持本书编写工作的各方面人士表示感谢！

编　者
2020 年 1 月 9 日

目　　录

第 1 章　概　　述

1.1　什么是云计算

　　云计算(Cloud Computing)是一种基于虚拟化和互联网的计算方式。这种模式提供按需使用、可配置的计算资源共享池——包括网络、服务器、存储器、应用软件和服务等，只需投入很少的管理工作，就能够将这些资源快速按需配置，为外界提供服务。在互联网时代，利用云计算的优势，我们能够使用的计算资源将不再局限于自己所拥有的物理设备，通过租用云服务的方式可以获得满足我们计算需求的各种资源，而且在大多数情况下更具有成本优势。自建机房与云服务平台对比情况如图 1.1 所示。

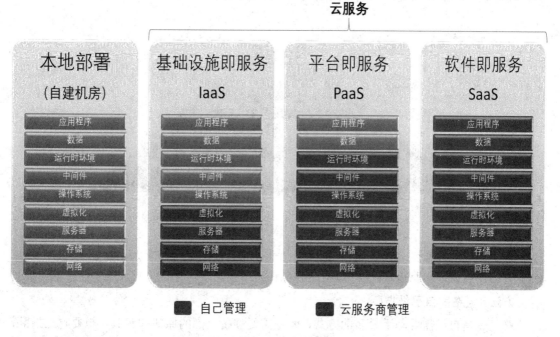

图 1.1　自建机房与云服务平台对比

　　云计算的服务模型可分为三种，分别是 IaaS、PaaS 和 SaaS。

　　(1) IaaS(Infrastructure as a Service，基础设施即服务)指客户可以从完善的计算机基础设施提供商获得服务。有了 IaaS，我们可以将公司运营所需要的服务器、存储器和网络硬件外包给别的公司，即 IaaS 云服务提供商，从而节省日常设备维护以及办公场地的成本。IaaS 云服务提供商会帮助我们日常维护硬件，还能满足一定的弹性需求。比如当公司需要进行业务扩张，需要更强计算能力的时候，可以轻松地获取更多的服务器；当网站访问人数较少时，可以随时减少部署的服务器以节约开支。

(2) PaaS(Platform as a Service，平台即服务)提供了用户可以使用的应用程序开发平台。公司中所有的开发和部署环境都可以在这个层面上进行，从而达到节省时间和资源的目的。PaaS 的强大之处在于它能够涵盖软件开发的各个阶段，提供了从开发工具、中间件到数据库软件等开发所需的全部功能，原本分散的工作室之间的合作也变得更加容易。例如微软的 Azure 服务平台就包含了 Microsoft SQL 数据库服务、Microsoft .Net 服务，用于分享、存储和同步文件的 Live 服务以及针对商业的 Microsoft SharePoint 和 Microsoft Dynamics CRM 服务等，它使得各个开发小组之间的合作能够更加紧密。

(3) SaaS(Software as a Service，软件即服务)提供了完整的可以直接使用的应用程序。这一层面上的应用大多数可以通过网页浏览器进行访问或接入。例如我们日常所使用的电子邮件服务、网盘、微软 Office 365 等，用户一般只需要注册一个账号或简单的集成就可以使用，方便快捷，省时省力。

在云计算的服务模型中，我们把基础设施即服务、平台即服务和软件即服务分为三层：基础设施即服务(IaaS)在最下端，平台即服务(PaaS)在中间，软件即服务(SaaS)在顶端。它们的复杂程度和抽象程度，由下往上递增，如图1.2所示。

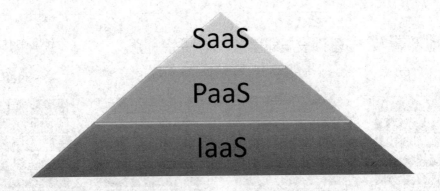

图1.2　云服务平台的金字塔模型

为了更好地解释以上三者的含义，我们借用一个经典的例子"Pizza As a Service"来做一个类比。假设你想吃披萨，那么现在有几种方法：

方法1　在家自己做披萨

这显然是自己需要动手最多的方式，而且需要准备全部的原料和厨具。想要吃上披萨，需要经历发面、做面团、切菜、调酱、撒料、进烤箱、准备苏打水和餐桌等众多步骤。具体步骤如图1.3所示。

这时候你开始犯嘀咕了，我就想吃个披萨，这也太麻烦了，什么都要自己做，耗时费力，更别说自己厨艺不佳，说不定把它烤焦了呢。于是，就想到了下面第二种方法。

图 1.3 Pizza As a Service 之在家自己做

方法 2 买半成品披萨回家做

你根本就不会做披萨，但又不想花精力去学习如何才能做出好吃的披萨。于是你去超市买一个半成品披萨，只需要放入烤箱，过一会儿便可以享受美味的披萨了。但是这次，你需要一个供应商来为你提供这个披萨半成品，具体如图 1.4 所示。图中的浅色部分代表需要自己完成的，深色部分是披萨供应商提供的。

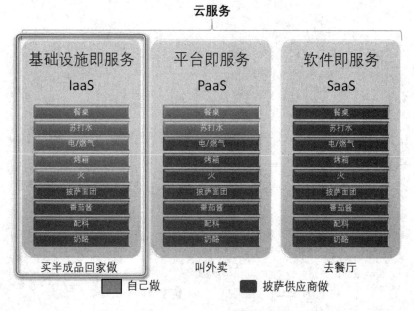

图 1.4 Pizza As a Service 之买半成品回家做

方法 3　叫外卖

你想到一年也许只吃一两次披萨，而家里又恰巧没有烤箱，怎么办？订外卖吧！这次供应商为你省去了所有的制作环节，还省去了购置烤箱的成本，但具体如何享用这份披萨，还是需要自己来决定。具体如图 1.5 所示。

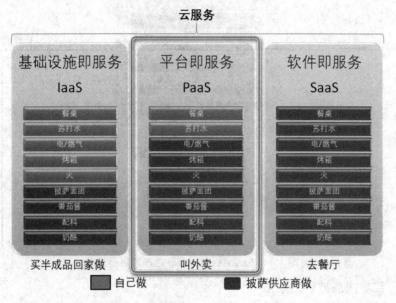

图 1.5　Pizza As a Service 之叫外卖

方法 4　去披萨餐厅吃

最简便的方法，还是去披萨餐厅吃吧！你什么都不需要做，甚至用不着收拾桌子和洗盘子，餐厅会为你提供需要的一切。具体如图 1.6 所示。

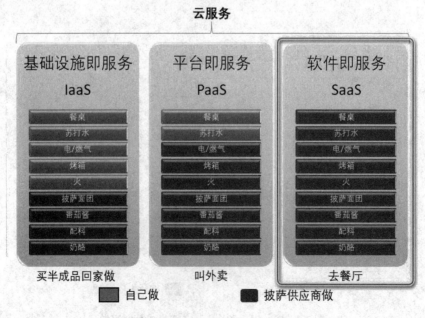

图 1.6　Pizza As a Service 之去餐厅

如果我们把披萨替换成软件，将"吃"替换成"使用"，那么就不难理解这三种模式所代表的含义了。云计算的存在能够让我们忽略很多底层的实现细节，得到一个更加高效的使用环境。

将以上几种方法汇总对比得到一个完整的图例，如图 1.7 所示。

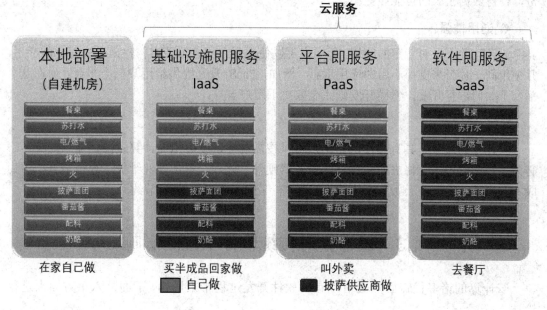

图 1.7　Pizza As a Service 之汇总对比

1.2　云计算的优点

介绍完上述例子，相信我们对云计算已经大体有了一些了解，接下来总结一下云计算的优点。

1. 规模大

云计算厂商为了能够向外界提供云服务，其自身必须拥有强大的计算资源。例如亚马逊的 Amazon Web Services (AWS)、微软的 Microsoft Azure 云服务背后都有着数十万台服务器的支持，谷歌(Google)的云计算更拥有多达百万级服务器的计算能力。这种规模的计算能力是一般企业单独依靠自身能力所不能想象的。

2. 虚拟化

云计算的执行过程在云端完成，并不需要确定在某个物理地点，用户可以在任意位置使用任一终端来获取这一服务，这就实现了计算资源的虚拟化。用户无需了解应用运行的具体位置就可以通过网络获取强大的计算能力。虚拟化的另一个好处是可以基于现有的方案随时更改远端的配置，有利于程序的快速部署。

3. 可靠性高

云端的数据通常采取多副本容错、计算节点同构可互换等措施来保障服务的高可靠性，相对来说使用云计算比使用本地计算机更加可靠。例如本地采取的最常见的备份方式磁盘阵列(RAID)，除去价格高昂的问题，如果两个硬盘(存储数据的和校验的)同时损坏，数据依然会发生丢失。对比来看，云端的 Hadoop 集群一般都将同一份数据部署在三个不同的机器上，并周期性检测机器的"心跳信号"，如果有机器出现问题，则会自动增加一个备份，使得数据丢失的可能性更小。

4. 通用性强

云计算并不针对特定的应用，即用户可以使用强大的计算能力构建出千变万化的应用，并使用同一片云来支撑不用的应用运行。例如，PaaS 只是提供给用户一个平台，而在这个平台上如何进行开发，怎样开发则完全取决于用户自身。

5. 节约成本

云计算的服务是具有弹性的，用户可以按需动态调度虚拟的计算资源，随用随弃，不必为了短期的使用高峰去购买额外的服务器硬件。此外，日常硬件维护、容错措施、电力成本等额外开销，在云服务上也都不必考虑，在一定程度上能够节约开支。

1.3　云计算对传统软件工程的影响

云计算的诸多优点必然会对现有的软件开发过程带来影响，下面从六个方面来进行论述。

1. 软件架构的开放性

软件架构描述了一个软件系统从整体到局部的层次划分，架构的优劣不仅影响软件开发过程的效率，还会影响系统后续的可扩展性。在传统软件工程中，系统架构一般由开发经验最丰富的程序员进行设计，这样的人一般被称为"架构师"。那么，当没有丰富的技术水平以及编程经验的时候，该如何设计自己的软件呢？云计算给了我们答案。在软件工程里，提升复用率一直是提高软件开发效率的重要一环。由于云平台软件架构的开放性，我们可以选择现在已经成熟的构建模块加以复用，这样一来能够缩短程序的开发时间，二来还能够减少软件开发中的不合理之处，提升软件的可靠性。

2. 软件对象的多样性

面向对象已经成为了现在软件开发的重要方法，在设计软件时，首先将大的问题分解为若干个小问题，分析不同软件对象之间的交互行为，之后再从局部到整体，从抽象到具体一步步完成。云计算给我们提供了大量的可复用的软件模块，这使得在编写软件时可用的原材料更加多样。工欲善其事，必先利其器，更多的软件对象势必有利于我们施展拳脚，但是跟传统软件开发一样，我们依旧需要先分析清楚软件之间的交互关系，然后再进行充分利用。在 PaaS 的平台中，开发者有可能写很少的代码甚至不需要代码，而只需按照业务流程对平台中提供的各类资源进行组织和配置即可。这种模式下，需求与开发具有了同等的语境，同时需求在软件工程中的地位也将显得更加重要。

3. 软件过程的动态性

软件过程是指软件的整个生命周期，从需求获取开始，经过需求分析、设计、编码实现、测试到发布上线和运营维护为一个周期。传统的软件开发使用反复迭代的方法来进行开发，开发的软硬件资源经常是固定的。但是借助于网络和虚拟化等技术，云计算实现了对软硬件资源的集中化、动态化管理，可以更加弹性地管理我们所拥有的资源。例如开发一个网站，设计上的缺陷可能会导致网站在大流量时访问缓慢。如果没有云计算平台，则只能另外购买其他更强大的服务器，但是云计算的存在可以随时扩大计算能力，满足我们的计算需求。这种软件过程的动态性更加方便了软件开发。

4. 开发组织的社会化

云计算依赖网络来获取强大的计算能力，在网络环境下，软件开发从封闭的计算机平台逐渐走向互联、互通、协作的网络平台环境。传统的软件企业正在逐渐走向开源。近年来软件技术的飞速发展，闭门造车有可能导致技术的落后。通过云计算，软件的开发过程可以由多个团队来协作完成，众多的开发团队形成了开发组织的社会化。通过多个团队之间的技术共享，不仅能够节省"造轮子"的时间，还能够确保我们的软件始终能够接触到新的技术。更有意义的是，这个社会中还可能包含全球不同时区的工作人员，这样就可以实现软件在一天24小时中都有人进行开发和维护，更加有利于提高软件开发效率和服务稳定性。

5. 资源部署的虚拟化

正如上面所说，云计算将计算能力部署在云端，并通过网络来进行访问。这样做不仅有利于我们随时进行资源的扩展，更有利于节省空间和相关的硬件维护费用。云端的服务器集群还有利于数据的安全，更多的备份可以保障数据不容易丢失，这是本地存储很难避免的。

6. 云计算面临的挑战

虽然云计算有着诸多的优点，但是它并不是万能的。在某些场景下，传统的软件开发仍然有着不可替代的地位。

1) 数据传输的瓶颈

在传统的软件开发中，我们的开发平台一般距离服务器很近，因此数据传输的速度也很快。但是云计算因为需要将数据上传到网络上进行计算，在面对大量数据传输时可能会出现数据传输瓶颈的问题，尤其是我国访问国外的部分网站较为困难，这给我们的软件开发和运行都造成了不可忽视的影响。

2) 数据的机密性

云端数据的安全性仅是保证数据不丢失，但是如果涉及特别私密的数据，还是应当采用传统的软件开发方法进行开发，并且将数据在本地进行存储。

3) 大型分布式系统的弊端

虽然大型分布式系统能够保证存储大量的数据，但是很难做到实时响应。因此像通信部门等需要实时响应的软件不宜部署在云端。

云计算的诸多优点已然给传统软件工程带来了诸多转变。在进行软件开发之前，需要先分析我们的软件到底适不适合使用云平台进行开发或运行。在笔者看来，未来的一段时间之内，传统的软件开发和云计算的软件开发将会共存。现阶段随着网络的飞速发展，云计算将有更大的增长空间，并且会给我们带来更多的价值。

1.4　云计算的历史、现状与趋势

计算机自 20 世纪 40 年代发明以来，一直处于孤岛状态，网络 方面没有需求，另外一方面也处于探索阶段。《浪潮之巅》(2016 年由人民邮电出版社出版)的作者吴军很清晰地介绍了计算机历史的不同阶段出现的伟大公司的辉煌和沉沦，比如贝尔、微软和 IBM。

在 20 世纪 90 年代，网络大爆炸，一大批公司粉墨登场，随即网络进入泡沫时代。在离我们并不遥远的互联网泡沫破碎的时候，Web 2.0 兴起，网络踏上了新的征程。

在 Web 2.0 时代，很多细分化网站的访问量远超过传统门户网站。如何有效地为巨大的用户群体服务，让用户也能够享受方便、快捷的服务，成为这些网站不得不面对的一个问题。

与此同时，一些有影响力的大公司为了提高自身产品的服务能力和计算能力开发了大量新技术，如何有效利用已有技术并结合新技术，为更多的企业或个人提供强大的计算能力与多样化的服务，就成为许多拥有巨量服务器资源的企业必须考虑的问题。

正是因为网络用户的急剧增多并对计算能力的需求愈加旺盛，而计算机等 IT 设备公司、软件公司和计算服务提供商能够满足这样的需求。能否像用电一样，来使用计算机的资源呢？于是云计算便应运而生。

值得一提的是，2006 年 8 月 9 日，谷歌(Google)首席执行官埃里克·施密特(Eric Schmidt)在搜索引擎大会上首次提出"云计算"(Cloud Computing)的概念。但是其实云计算的概念早在 20 多年前就开始启蒙了，那是 1983 年 Sun Microsystems 提出"网络即计算机"的概念；2006 年 3 月，亚马逊(Amazon)推出弹性计算云(Elastic Compute Cloud，EC2)服务。

下面梳理一下云服务的发展、演化各个阶段的历史。

(1) 前期积累阶段。1983 年，Sun 公司提出"网络即计算机"的概念，在那个年代，并行计算、分布式处理和虚拟化技术逐渐成熟。

(2) 云服务初级阶段。此阶段以一批公司的成立为标志，最著名的是 1999 年 3 月 Salesforce 成立，提供云服务，即 SaaS；1999 年 9 月 LoudCloud 成立，提供服务器出租，即 IaaS。

(3) 云服务形成阶段。此时历史的脚步已经踏进了 2006 年，云概念由 Google 提出，Amazon 推出了弹性计算云服务；2007 年 8 月，Salesforce 发布 Force.com 成为最早的 PaaS。

(4) 云服务快速发展阶段。这个阶段，云服务规模高速成长。云服务功能日趋完善、种类日趋多样。各种云服务演化精彩纷呈，很多传统企业结合自身能力扩展、转型，纷纷投入云服务市场。

(5) 云服务成熟阶段。很多科技产品或热点，都在 2016 年始称元年。

云计算的发展过程主要经历了以下三个阶段：

(1) 产品功能健全，市场格局相对稳定；

(2) 专业领域划分细致，个性化需求也能得到灵活响应；

(3) 主流平台和标准日渐形成，客户和设备规模巨大。

从功能角度来看，云平台的历史演化路线大致如图 1.8 所示。

图 1.8　云平台的历史演化路线

从商务角度来看，公有云的全球市场需求增长趋势如图 1.9 所示。公有云的全球市场需求，据 Gartner 预测在 2020 年将达到 4114 亿美元。

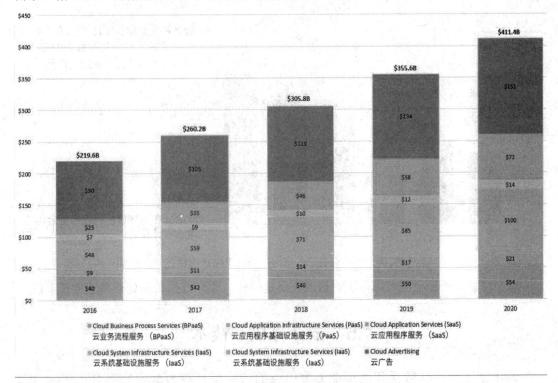

图 1.9　公有云的全球市场需求增长趋势

公有云的各个细分市场全球需求增长率预测如图 1.10 所示。

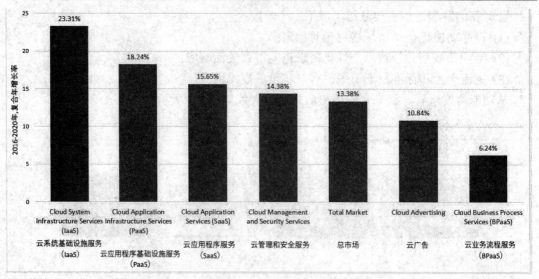

图 1.10 公有云的细分市场全球需求增长率预测

国内云服务市场由于起步晚、需求大，近年来一直保持着高速的增长。据 Statista.com 网站在 2015 年的数据预测，中国国内公有云市场的预估值在 2020 年达到 38 亿美元，具体如图 1.11 所示。

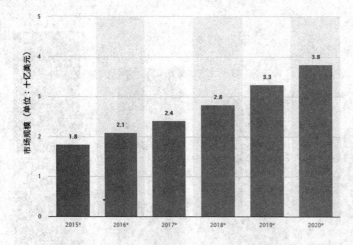

统计数据显示了2015年至2020年中国公有云市场的预测。2015年，中国公有云市场价值18亿美元

DESCRIPTION SOURCE **MORE INFORMATION**

Region
China

Survey time period
2015

Supplementary notes
* Forecast.

2016年至2019年的数字是使用从原始公布的数据中提取的复合年增长率计算的

图 1.11 公有云的国内市场需求增长预测

综上可见，云平台的市场，不管是国内还是国外，现今看来都是处于高速增长阶段。

1.5 云计算核心技术

云计算是一种以数据和处理能力为中心的密集型计算模式，它融合了多项 ICT (Information Communications Technology)技术，是传统技术"平滑演进"的产物。其中以虚拟化技术、分布式数据存储技术、资源管理、编程模式、大规模数据管理、信息安全、云计算平台管理、绿色节能技术最为关键。

1. 虚拟化技术

虚拟化是云计算最重要的核心技术之一，它为云计算服务提供基础架构层面的支撑。

从技术上讲，虚拟化是一种在软件中仿真计算机硬件，以虚拟资源为用户提供服务的计算形式，旨在合理调配计算机资源，使其更高效地提供服务。它打破了应用系统各硬件间的物理划分，从而实现架构的动态化，实现物理资源的集中管理和使用。虚拟化的最大好处是增强系统的弹性与灵活性、降低成本、改进服务，并提高资源利用效率。

从表现形式上看，虚拟化又分两种应用模式：一是将一台性能强大的服务器虚拟成多个独立的小服务器，服务不同的用户；二是将多个服务器虚拟成一个强大的服务器，完成特定的功能。这两种模式的核心都是统一管理、动态分配资源、提高资源利用率。在云计算中，这两种模式都有比较多的应用。

2. 分布式数据存储技术、资源管理

云计算的另一大优势就是能够快速、高效地处理海量数据。在数据爆炸的今天，这一点至关重要。为了保证数据的高可靠性，云计算通常会采用分布式存储技术，将数据存储在不同的物理设备中。这种模式不仅摆脱了硬件设备的限制，同时扩展性更好，能够快速响应用户需求的变化。

分布式存储与传统的网络存储并不完全一样，传统的网络存储系统采用集中的存储服务器存放所有数据，存储服务器成为系统性能的瓶颈，不能满足大规模存储应用的需要。分布式网络存储系统采用可扩展的系统结构，利用多台存储服务器分担存储负荷，利用位置服务器定位存储信息，它不但提高了系统的可靠性、可用性和存取效率，还易于扩展。

在当前的云计算领域，Google 的 GFS (Google File System 或 GoogleFS)和 Hadoop 开发的开源系统 HDFS (Hadoop Distributed File System)是比较流行的两种云计算分布式存储系统。

云计算采用了分布式存储技术存储数据，那么自然要引入分布式资源管理技术。在多节点的并发执行环境中，各个节点的状态需要同步，并且在单个节点出现故障时，系统需要有效的机制保证其他节点不受影响。而分布式资源管理系统恰是这样的技术，它是保证系统状态稳定的关键。

另外，云计算系统所处理的资源往往非常庞大，少则几百台服务器，多则上万台，同时可能跨跃多个地域，且云平台中运行的应用也是数以千计，如何有效地管理这批资源，保证它们正常提供服务，需要强大的技术支撑。因此，分布式资源管理技术的重要性可想而知。

3. 编程模式

从本质上讲，云计算是一个多用户、多任务、支持并发处理的系统。高效、简捷、快速是其核心理念，它旨在通过网络把强大的服务器计算资源方便地分配到终端用户手中，同时保证低成本和良好的用户体验。在这个过程中，编程模式的选择至关重要。云计算项目中分布式并行编程模式将被广泛采用。

分布式并行编程模式创立的初衷是更高效地利用软、硬件资源，让用户更快速、更简单地使用应用或服务。在分布式并行编程模式中，后台复杂的任务处理和资源调度对于用户来说是透明的，这样用户体验能够大大提升。MapReduce 是当前云计算主流并行编程模式之一。MapReduce 模式将任务自动分成多个子任务，通过 Map 和 Reduce 两步实现任

务在大规模计算节点中的分配和汇总。

4. 大规模数据管理

处理海量数据是云计算的一大优势,那么如何处理则涉及很多层面的东西,因此高效的数据处理技术也是云计算不可或缺的核心技术之一。对于云计算来说,数据管理面临巨大的挑战。云计算不仅要保证数据的存储和访问,还要能够对海量数据进行特定的检索和分析。由于云计算需要对海量的分布式数据进行处理、分析,因此,数据管理技术必需能够高效地管理大量的数据。

Google 的 BT(BigTable)数据管理技术和 Hadoop 团队开发的开源数据管理模块 HBase 是业界比较典型的大规模数据管理技术。

(1) BigTable 是非关系的数据库,是一个分布式的、持久化存储的多维度排序 Map。BigTable 的设计目的是可靠地处理 PB 级别的数据,并且能够部署到上千台机器上。

(2) HBase 是 Apache 的 Hadoop 项目的子项目,定位于分布式、面向列的开源数据库。作为高可靠性分布式存储系统,HBase 在性能和可伸缩方面都有比较好的表现。利用 HBase 技术可在廉价 PC 服务器上搭建起大规模结构化存储集群。

5. 信息安全

调查数据表明,安全已经成为阻碍云计算发展的最主要原因之一。数据显示,32% 已经使用云计算的组织和 45% 尚未使用云计算的组织的 ICT 管理将云安全作为进一步部署云的最大障碍。因此,要想保证云计算能够长期稳定、快速发展,安全是首先需要解决的问题。

事实上,云计算安全并不是新问题,传统互联网存在同样的问题。只是云计算出现以后,安全问题变得更加突出了。在云计算体系中,安全涉及很多层面,包括网络安全、服务器安全、软件安全、系统安全等。因此,有分析师认为,云安全产业的发展,将把传统安全技术提高到一个新的阶段。

现在,不管是软件安全厂商还是硬件安全厂商都在积极研发云计算安全产品和方案。包括传统杀毒软件厂商、软硬防火墙厂商、IDS(入侵检测系统,Intrusion Detection Systems)/IPS(入侵防御系统,Intrusion Prevention System)厂商在内的各个层面的安全供应商都已加入到云安全领域。相信在不久的将来,云安全问题将会越来越被重视。

6. 云计算平台管理

云计算资源规模庞大,服务器数量众多并且分布在不同的地点,同时运行着数百种应用,如何有效地管理这些服务器,保证整个系统提供不间断的服务是巨大的挑战。云计算系统的平台管理技术,需要具有高效调配大量服务器资源,使其更好协同工作的能力。其中,方便地部署和开通新业务、快速发现并且恢复系统故障、通过自动化、智能化手段实现大规模系统可靠的运营是云计算平台管理技术的关键。

对于云平台提供者而言,云计算可以有三种部署模式,即公共云、私有云和混合云。三种模式对平台管理的要求大不相同。对于用户而言,由于企业对于 ICT 资源共享的控制、对系统效率的要求以及 ICT 成本投入预算不尽相同,企业所需要的云计算系统规模及可管理性能也大不相同。因此,云计算平台管理方案要更多地考虑到定制化需求,能够满足不同场景的应用需求。

包括 Google、IBM、Microsoft、Oracle 等在内的许多厂商都有云计算平台管理方案推出。这些方案能够帮助企业实现基础架构整合、实现企业硬件资源和软件资源的统一管理、统一分配、统一部署、统一监控和统一备份，打破应用对资源的独占，让企业云计算平台价值得以充分发挥。

7. 绿色节能技术

节能环保是全球整个时代的大主题。云计算也以低成本、高效率著称。云计算具有巨人的规模经济效益，在提高资源利用效率的同时，节省了大量能源。绿色节能技术已经成为云计算必不可少的技术，未来越来越多的节能技术还会被引入到云计算中来。报告指出，迁移至云端的美国公司每年可以减少碳排放 8570 万吨，这相当于 2 亿桶石油所排放出的碳总量。总之，云计算服务提供商们需要持续改善技术，让云计算更绿色。

1.6　云应用系统开发技术综述

云技术是指在广域网或局域网内将硬件、软件、网络等系列资源通过虚拟化统一管理，实现数据的计算、储存、处理和共享的一种托管技术。云计算正蓬勃发展，云计算技术和云平台已经变成重要的基础支撑平台。

云平台是近些年才得到业界广泛关注的，它发展迅猛。目前在 IaaS、PaaS 和 SaaS 层有大量不同厂商非标准的实现，使用云平台时应该考虑这些因素，尽量采用标准化的、容易迁移的服务，慎用或少用厂商独有的、很难或根本无法迁移的服务。

基于云平台的软件开发具有与传统软件开发不同的模式和方法，随着云计算技术的深入发展，软件开发的模式和方法需要进行调整，以更好地适应新的应用环境需求。

云计算和云平台的知识面很宽泛，还涉及很多云厂商非标准的实现，但最本质的还是提供互联网应用程序开发和部署的基础环境。

本书面对初学者，将仅关注标准化的基础服务，讲述它在软件开发过程中的应用。这将涉及到以下内容：

(1) 开发与测试：分布式版本控制系统(Git)、自动化测试；

(2) 部署和运维：持续集成与部署、容器(Docker)、DevOps。

这些技术源自传统软件开发过程，适用于云平台环境下，对互联网应用软件开发有一定参考意义。

习　　题

1. 简述什么是云计算。

2. 简述云计算的服务模型分类：IaaS、PaaS 和 SaaS，它们所代表的英文全称和中文解释，并举例现实生活中的一个服务或应用。

3. 微软的 Office 365、网易云音乐、QQ 邮箱、百度网盘、阿里云虚拟主机、Google AppEngine、Salesforce.com 这些常见的服务，应该归属于哪一类(指 IaaS、PaaS 和 SaaS)？

第 2 章　VirtualBox 虚拟机

　　Oracle VirtualBox 是一款知名的开源虚拟机软件，本书后续的实验都将在 Oracle VirtualBox 创建的 Ubuntu Server 虚拟机上完成。虚拟机上安装部分软件的步骤也将逐一介绍，注意它们具有依赖性，因此需要按顺序安装。

　　VirtualBox 扩展功能的使用还可以参考"附录 A-VirtualBox"。

2.1　安装 Oracle VirtualBox

　　Oracle VirtualBox 在 Windows 操作系统上的安装过程很简单。因为开启虚拟机将占用较多内存，推荐 Windows 宿主机器是 64 位操作系统，且内存至少 8 GB 以上。具体安装步骤如下：

　　(1) 假设 6.0 系列发行版的最新版本是"6.0.8"，下载"Windows hosts"和"Extension Pack"(见图 2.1)。读者看到的版本应该已经更新，请视情况调整。

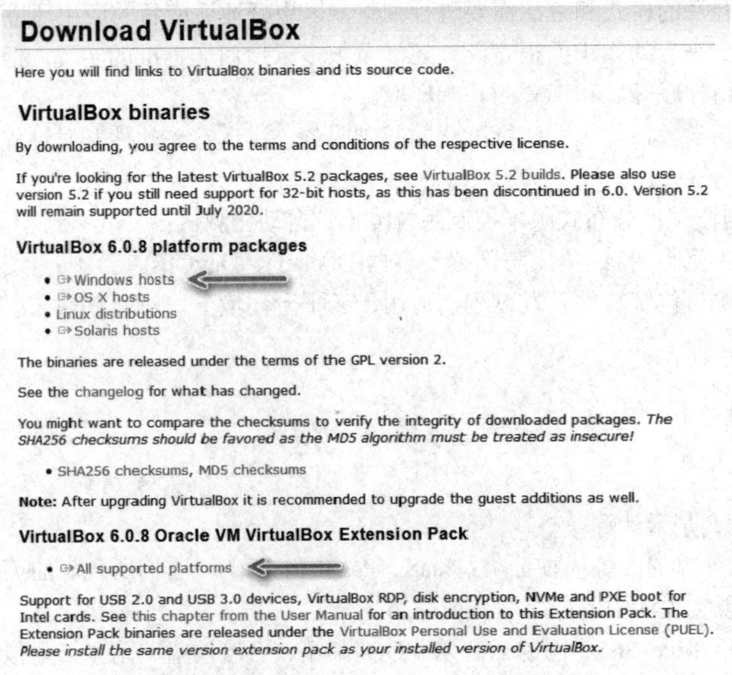

Download VirtualBox

Here you will find links to VirtualBox binaries and its source code.

VirtualBox binaries

By downloading, you agree to the terms and conditions of the respective license.

If you're looking for the latest VirtualBox 5.2 packages, see VirtualBox 5.2 builds. Please also use version 5.2 if you still need support for 32-bit hosts, as this has been discontinued in 6.0. Version 5.2 will remain supported until July 2020.

VirtualBox 6.0.8 platform packages

- ⊡ Windows hosts ⟵
- ⊡ OS X hosts
- Linux distributions
- ⊡ Solaris hosts

The binaries are released under the terms of the GPL version 2.

See the changelog for what has changed.

You might want to compare the checksums to verify the integrity of downloaded packages. *The SHA256 checksums should be favored as the MD5 algorithm must be treated as insecure!*

- SHA256 checksums, MD5 checksums

Note: After upgrading VirtualBox it is recommended to upgrade the guest additions as well.

VirtualBox 6.0.8 Oracle VM VirtualBox Extension Pack

- ⊡ All supported platforms ⟵

Support for USB 2.0 and USB 3.0 devices, VirtualBox RDP, disk encryption, NVMe and PXE boot for Intel cards. See this chapter from the User Manual for an introduction to this Extension Pack. The Extension Pack binaries are released under the VirtualBox Personal Use and Evaluation License (PUEL). *Please install the same version extension pack as your installed version of VirtualBox.*

图 2.1　VirtualBox 6.0 下载网页

下载完成后可见：VirtualBox-6.0.8-130520-Win.exe 和 Oracle_VM_ VirtualBox_ Extension_Pack-6.0.8.vbox-extpack 共 2 个文件，具体如图 2.2 所示。

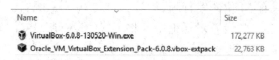

图 2.2　VirtualBox 6.0 的安装文件

(2) 安装 VirtualBox 必须有管理员权限。以默认的设置和安装路径，先安装 VirtualBox-6.0.8-130520-Win.exe。安装过程中会导致暂时的网络中断，且需要重启 Windows 宿主机。

(3) 安装完成并重新启动 Windows 宿主机后，可以看到 Oracle_VM_VirtualBox_ Extension_Pack-6.0.8.vbox-extpack 的图标正常显示为绿色小盒子，双击即可安装此扩展包。如果碰到图标未能正常显示，也可以将它拖到 VirtualBox 在桌面的图标上来安装。

需要注意的是，Extension Pack 必须和 VirtualBox 安装相同版本，它包含了很多有用的功能增强，是必须安装的。

本书附录还有 VirtualBox 的进阶使用介绍，供读者参考。

2.2　安装 Ubuntu Server 虚拟机

Oracle VirtualBox 安装完成后，我们在 VirtualBox 里创建一个 64 位 Linux 类型的虚拟机，取名为"ubuntuvm1"，给它分配 2 GB 内存和 80 GB 硬盘存储空间。注意这里分配的 80 G 硬盘存储空间只是设定了虚拟硬盘的上限，而它实际占用的磁盘空间与写入内容的多少相关，因此不必担心一开始它就占用 80 G 的磁盘存储空间。相反的，如果我们在创建虚拟机时把硬盘存储空间分配小了，到后面不够用，则扩容会很麻烦，甚至可能不得不重新安装虚拟机。

VirtualBox Ubuntu 虚拟机设置之通用如图 2.3 所示。输入虚拟机的名称(Name)，这里是"ubuntuvm1"，注意选择正确的类型(Type)和版本(Version)。

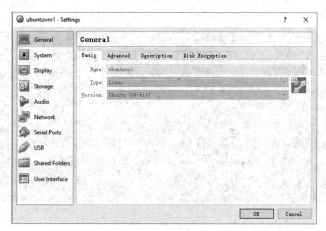

图 2.3　VirtualBox Ubuntu 虚拟机设置之通用

从 Ubuntu Server 官方下载页面下载安装光盘镜像文件。选择下载标记为 LTS 的版本，它是长期支持(Long-Term Support)的版本，如 ubuntu-18.04-live-server-amd64.iso。另外请注意，此服务器版只有 64 位的发行版。

在虚拟机 ubuntuvm1 的设置对话框中，将下载的发行版 ISO 文件装载到光盘驱动器里。VirtualBox Ubuntu 虚拟机设置之存储如图 2.4 所示。

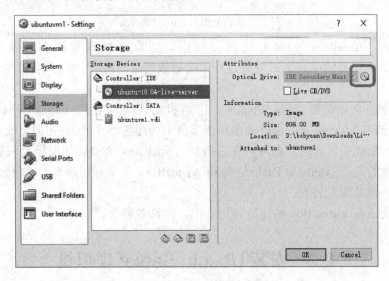

图 2.4　VirtualBox Ubuntu 虚拟机设置之存储

启动虚拟机，即可开始 Ubuntu Server 的安装。大多以默认的选项安装，即以默认的美国英语安装，记得勾选"OpenSSH Server"(默认是不安装)。

网络设置可以选择"Bridged Adapter"，即虚拟机的网卡桥接直连网络，这是最简单的方式。虚拟机启动完成后，登入虚拟机后用 ip addr show(也可以简写为 ip addr)或 ifconfig 命令来找到它的 IP 地址。例如，图 2.5 中，虚拟机 ubuntuvm1 的 IPv4 地址是 192.168.1.7。

在虚拟机启动后，如果桥接模式下发现桥接的网络不对，可以在虚拟机的设置里更改，如图 2.6 所示。

图 2.5　VirtualBox Ubuntu 虚拟机的 IP 地址

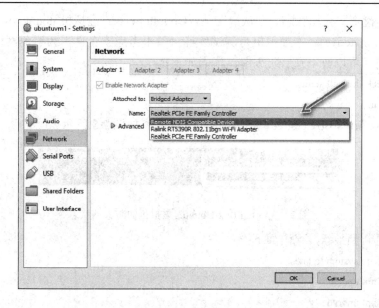

图 2.6　VirtualBox Ubuntu 虚拟机的桥接网络设置

更改成正确的桥接网络后，按"OK"按钮保存。我们还需要在虚拟机的命令行窗口中运行"sudo netplan apply"命令，重新启动网络让它生效，之后再去查看它的新 IP 地址。

为了方便使用，我们将通过专门的 SSH 客户端软件，例如 PuTTY 或 MobaXterm 来连接到此虚拟机。其中前者功能相对简单快捷，后者功能丰富，其免费的 Home 版在功能上略有限制，但也足够个人一般使用。SSH 客户端的安装从略。

如果我们选择用开源免费的 PuTTY 作为 SSH 客户端，则设置连接到此虚拟机(指定虚拟机的 IP 地址、SSH 服务默认侦听的 22 端口)，可以取名为"ubuntuvm1"并保存配置，方便下一次快速载入，如图 2.7 所示。

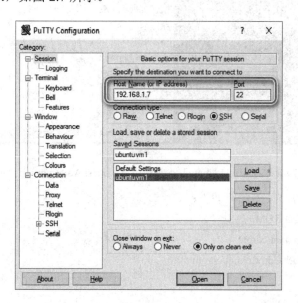

图 2.7　VirtualBox Ubuntu 虚拟机的 PuTTY 连接设置

登入后，检查防火墙状态。默认情况下，Ubuntu Server 虚拟机 ubuntuvm1 的防火墙是关闭的(Status: inactive)。本虚拟机是测试环境，暂不考虑安全性，为避免网络连接被防火墙阻隔的问题，可以暂不开启防火墙。代码如下：

```
# check firewall status.
sudo ufw status
```

屏幕显示 VirtualBox Ubuntu 虚拟机的防火墙状态如图 2.8 所示。

图 2.8　VirtualBox Ubuntu 虚拟机的防火墙状态

将系统更新到最新，代码如下：

```
# update system to latest.
sudo apt update -y
sudo apt upgrade -y
```

注，apt 是继 apt-get 后的改进版命令行工具，它在 2016 年发布的 Ubuntu 16.04 中被首次引入，日常使用时可以取代旧版的 apt-get 命令。也就是说，在 Ubuntu 16.04 和后续的 Ubuntu 操作系统中，apt-get 命令依然存在且可以使用，但在多数情况下，我们可以使用 apt 命令来取代旧版的 apt-get 命令。

下面安装"VirtualBox Guest Additions CD"。先在虚拟机的窗口中将 VirtualBox Ubuntu 虚拟机放入 Guest Additions 光盘镜像，如图 2.9 所示。

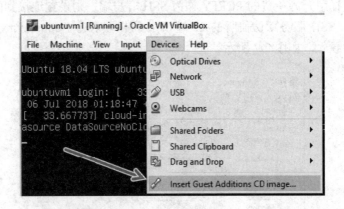

图 2.9　VirtualBox Ubuntu 虚拟机放入 Guest Additions 光盘镜像

挂载光盘并安装，具体代码如下：

```
# mount the CD-ROM.
sudo mkdir -p /mnt/cdrom
sudo mount /dev/cdrom /mnt/cdrom

# launch the installer.
cd /mnt/cdrom
```

```
sudo ./VBoxLinuxAddition.run
```

```
# check the installed version.
ls /opt | grep VBox
```

安装完成后，在虚拟机设置里将此光盘移除，可能需要重启虚拟机(reboot)，重启代码如下：

```
# reboot the machine.
sudo reboot
```

若实验完成后，需要关闭虚拟机，则可以用如下任一命令：

```
# poweroff the machine.
sudo poweroff


# shutdown the machine now.
sudo shutdown -h now
```

2.3　安装 OpenJDK

以下内容是在 Ubuntu Server 虚拟机 ubuntuvm1 上安装免费开源的 OpenJDK。当然，也可以选择 Oracle JDK。

关于安装 JDK (Java Development Kit，开发工具包) 的版本，我们这里建议安装 Java SE 8，其原因是：

(1) Oracle Java SE 9、10、12 是非长期支持版本，Java SE 8 因推出的时间久(2014 年 3 月)而支持更为广泛，因此安装 JDK 8 是当前相对稳妥的选择。后续的长期支持版本(Long Term Support，LTS)是 JDK 11，在 2018 年 9 月 26 日发布，第三方软件在 11 上的支持还不够广泛。

(2) Oracle Java SE 11 是继 Java 8 之后首个长期支持版本，也是 Java SE 的首个长期支持版本。根据官方支持路线图，Java 11 的高级支持将持续到 2023 年 9 月，扩展支持则会延续到 2026 年 9 月，也就是生命周期长达 8 年。非长期支持的版本(例如 Java 9、10、12)仅提供半年的技术支持。

Oracle Java SE 技术支持路线图如图 2.10 所示。

现在常见的 OpenJDK 和 Oracle JDK 以及其他服务商提供的变种版本，它们各自的授权许可是什么，又都提供哪些服务和支持，让许多 Java 开发者理不清头绪。Oracle 在 2018 年 7 月份启用新的 Java SE 订阅模式，更是让许多开发者认为是不是 Java 从此要开始收费了？

Java SE 是否免费？这个问题有点复杂，接下来我们探究一下。

虽然 Java 11 LTS 已经发布，但从统计数据来看，至今(即本书写作时间，2019 年)更多的开发者还停留在上一个 LTS 版本上，即 Java 8。关于开发者最为关注的 Java 8 的授权许可问题，官方文档给出了解答：

Oracle Java SE Support Roadmap*†				
Release	GA Date	Premier Support Until**	Extended Support Until**	Sustaining Support**
6	December 2006	December 2015	December 2018	Indefinite
7	July 2011	July 2019	July 2022	Indefinite
8	March 2014	March 2022	March 2025	Indefinite
9 (non-LTS)	September 2017	March 2018	Not Available	Indefinite
10 (18.3^) (non-LTS)	March 2018	September 2018	Not Available	Indefinite
11 (18.9^ LTS)	September 2018	September 2023	September 2026	Indefinite
12 (19.3^ non-LTS)	March 2019***	September 2019	Not Available	Indefinite

图 2.10　Oracle Java SE 技术支持路线图

Oracle 将在 2020 年 12 月前为个人桌面用户继续提供 Oracle JDK 8 的公共更新。若是商业用途，则在 2019 年 1 月之后不会再有免费的商业版本更新。但是，自 Java SE 9 以后，Oracle 还提供了 OpenJDK 版本，可免费用于商业用途，并且还有其他服务商提供的免费 OpenJDK 版本可供选择。

也就是说，商业用途如果在 2019 年 1 月之后想继续免费使用 Java 8，可以选择：

· 不再更新，继续无限期地使用旧版 Oracle JDK 8。注意，这对于商业用途是存在安全隐患的；

· 使用来自其他服务商的免费 Java SE 8 或 OpenJDK 8 二进制发行版。

再有，由于 Oracle 在 2018 年 7 月份改变了 Java SE 的商业支持模式，所以从 Java 11 开始，支持方式有所不同：

· OpenJDK——使用 GPLv2 + CE 许可，可免费用于商业用途；

· Oracle JDK——使用付费商业许可，但个人和非商业使用免费。

总之，商业用途如果想要继续免费使用 Java 11，则应选择 OpenJDK。

Ubuntu 18.04 服务器操作系统如果更新到最新版本，已经自带了 OpenJDK 11 的 JRE (Java Runtime Environment，Java 运行环境)，就可以通过下面的命令进行检查：

```
bobyuan@ubuntuvm1:~$ java -version
openjdk version "11.0.3" 2019-04-16
OpenJDK Runtime Environment (build 11.0.3+7-Ubuntu-1ubuntu218.04.1)
OpenJDK 64-Bit Server VM (build 11.0.3+7-Ubuntu-1ubuntu218.04.1, mixed mode, sharing)

bobyuan@ubuntuvm1:~$ which java
/usr/bin/java
```

```
bobyuan@ubuntuvm1:~$ readlink -f $(which java)
/usr/lib/jvm/java-11-openjdk-amd64/bin/java
```

进一步的信息还有：

```
bobyuan@ubuntuvm1:~$ apt depends default-jdk
default-jdk
    Depends: default-jre (= 2:1.11-68ubuntu1~18.04.1)
    Depends: default-jdk-headless (= 2:1.11-68ubuntu1~18.04.1)
    Depends: openjdk-11-jdk


bobyuan@ubuntuvm1:~$ apt list --installed | grep jdk


WARNING: apt does not have a stable CLI interface. Use with caution in scripts.


openjdk-11-jre-headless/bionic-updates, bionic-security, now 11.0.3+7-1ubuntu2~18.04.1 amd64
[installed, automatic]
```

为了保证 Ubuntu 操作系统的稳定性，我们不卸载默认安装的 OpenJDK 11 JRE，只是并行安装额外的 OpenJDK 8，修改符号链接和环境变量指向我们想要使用的 OpenJDK 8 即可。

如前所述，出于商业使用免费的考虑，推荐安装使用 OpenJDK 而非 Oracle JDK。当前 (2019 年)JDK 8 的使用和支持更广泛，鉴于 JDK 11 新推出，部分应用程序的兼容性支持还不足的原因，我们将按如下方式安装 OpenJDK 8：

```
# update system to latest.
sudo apt update -y
sudo apt upgrade -y


# install OpenJDK 8.
sudo apt install openjdk-8-jdk
```

安装完成之后，我们需要设置它为默认的 JDK，先用下列命令进行查看：

```
# list the installed JDKs.
sudo update-java-alternatives --list
```

屏幕输出示例如下：

```
bobyuan@ubuntuvm1:~$ sudo update-java-alternatives --list
java-1.11.0-openjdk-amd64        1111        /usr/lib/jvm/java-1.11.0-openjdk-amd64
java-1.8.0-openjdk-amd64         1081        /usr/lib/jvm/java-1.8.0-openjdk-amd64
```

我们可以看到，第 2 个选项 java-1.8.0-openjdk-amd64 是我们想要设置为默认的选项。为了将 OpenJDK 8 设置为默认选项，可以用以下命令：

```
# set to use the specific JDK from the list.
sudo update-java-alternatives --set java-1.8.0-openjdk-amd64
```

屏幕输出示例如下：

```
bobyuan@ubuntuvm1:~$ sudo update-java-alternatives --set java-1.8.0-openjdk-amd64
update-alternatives: error: no alternatives for jaotc
update-alternatives: error: no alternatives for jdeprscan
update-alternatives: error: no alternatives for jhsdb
update-alternatives: error: no alternatives for jimage
update-alternatives: error: no alternatives for jlink
update-alternatives: error: no alternatives for jmod
update-alternatives: error: no alternatives for jshell
update-alternatives: error: no alternatives for mozilla-javaplugin.so
update-java-alternatives: plugin alternative does not exist: /usr/lib/jvm/java-8-openjdk-amd64/
jre/lib/amd64/IcedTeaPlugin.so
```

更改完成后，检查一下，看看是否出现以下代码：

```
bobyuan@ubuntuvm1:~$ readlink -f $(which java)
/usr/lib/jvm/java-8-openjdk-amd64/jre/bin/java


bobyuan@ubuntuvm1:~$ java -version
openjdk version "1.8.0_212"
OpenJDK Runtime Environment (build 1.8.0_212-8u212-b03-0ubuntu1.18.04.1-b03)
OpenJDK 64-Bit Server VM (build 25.212-b03, mixed mode)
```

若如上所示，则一切正常，符合预期。

根据上面的屏幕输出信息，可以看到 OpenJDK 8 的实际安装路径是 /usr/lib/jvm/java-8-openjdk-amd64，于是我们用 root 用户修改适用于虚拟机系统全局的配置文件/etc/profile，在文件末尾添加如下几行内容：

```
# added by bobyuan.
export JAVA_HOME=/usr/lib/jvm/java-8-openjdk-amd64
export JRE_HOME=/usr/lib/jvm/java-8-openjdk-amd64/jre


export PATH=$JAVA_HOME/bin:$PATH
```

这将使得上面两个环境变量(JAVA_HOME 和 JRE_HOME)成为虚拟机 ubuntuvm1 的全局环境变量。

重启虚拟机，使得设置生效。最后，分别用普通用户和 root 用户进行检查，屏幕输出示例如下：

```
bobyuan@ubuntuvm1:~$ echo $JAVA_HOME
/usr/lib/jvm/java-8-openjdk-amd64


bobyuan@ubuntuvm1:~$ echo $JRE_HOME
/usr/lib/jvm/java-8-openjdk-amd64/jre
```

```
bobyuan@ubuntuvm1:~$ which java
/usr/lib/jvm/java-8-openjdk-amd64/bin/java

bobyuan@ubuntuvm1:~$ java -version
openjdk version "1.8.0_212"
OpenJDK Runtime Environment (build 1.8.0_212-8u212-b03-0ubuntu1.18.04.1-b03)
OpenJDK 64-Bit Server VM (build 25.212-b03, mixed mode)

bobyuan@ubuntuvm1:~$ sudo -i
[sudo] password for bobyuan:

root@ubuntuvm1:~# echo $JAVA_HOME
/usr/lib/jvm/java-8-openjdk-amd64

root@ubuntuvm1:~# echo $JRE_HOME
/usr/lib/jvm/java-8-openjdk-amd64/jre

root@ubuntuvm1:~# which java
/usr/lib/jvm/java-8-openjdk-amd64/bin/java

root@ubuntuvm1:~# java -version
openjdk version "1.8.0_212"
OpenJDK Runtime Environment (build 1.8.0_212-8u212-b03-0ubuntu1.18.04.1-b03)
OpenJDK 64-Bit Server VM (build 25.212-b03, mixed mode)
```
输出符合预期，OpenJDK 8 安装完毕。

2.4　安装 Apache Maven

Apache Maven 是一个开源项目，它是一个 Java 的构建工具。在虚拟机 ubuntuvm1 上
安装仅需要一条命令：

```
# install apache-maven package.
sudo apt install maven
```
安装完毕后，测试一下是否正常。例如：

```
bobyuan@ubuntuvm1:~$ which mvn
/usr/bin/mvn

bobyuan@ubuntuvm1:~$ mvn --version
Apache Maven 3.6.0
```

Maven home: /usr/share/maven

Java version: 1.8.0_212, vendor: Oracle Corporation, runtime: /usr/lib/jvm/java-8-openjdk-amd64/jre

Default locale: en_US, platform encoding: UTF-8

OS name: "linux", version: "4.15.0-52-generic", arch: "amd64", family: "unix"

　　至此，Apache Maven 已经安装完毕。根据上面的信息，我们可以看到 Maven 的实际安装路径是/usr/share/maven。当前用户的~/.m2 文件夹存放着当前用户的设置，还有本地的 jar 包库(repository)。

　　以上是使用 apt 命令从 Ubuntu 发行版的软件仓库里安装，推荐用这种方式安装，最为简单。

　　我们有可能会碰到这样一种情况，Maven 的最新版已经发布了一段时间，但还未加入到 Ubuntu 发行版的软件仓库里，导致用上面的方式安装的是旧版。在这种情况下，若希望安装 Maven 的最新版本，则可以选择手动安装。手动安装的步骤也非常简单，可参考下面的步骤，或者参考官方的安装文档。

　　假设我们在 Maven 的官方网站看到 Maven 的最新版是 3.6.1，选择手动安装。到官方网站下载最新版的安装包 apache-maven-3.6.1-bin.tar.gz 到当前用户的 Home 文件夹中，想将它安装在 /usr/local 文件夹里。按以下步骤解包并创建符号链接：

```
# move to the target directory.
cd /usr/local


# extract the release package.
sudo tar zxf ~/apache-maven-3.6.1-bin.tar.gz


# create symbolic link to the real installation.
sudo ln -s apache-maven-3.6.1 apache-maven
```

　　完成后，用 ls -la 命令查看文件清单。列文件清单查看 Maven 的安装，如图 2.11 所示，我们可以看到类似这样的输出。它显示 apache-maven 符号链接指向真正的安装路径 apache-maven-3.6.1。后面我们将使用此符号链接来设置环境变量。之所以使用符号链接，其目的是，若后期我们升级 Maven 到其他的安装版，将仅需要修改此符号链接指向新的安装版路径即可。

图 2.11　列文件清单查看 Maven 的安装

用 root 用户修改/etc/profile 文件。如下例所示，添加了 M2_HOME 环境变量，并修改了环境变量 PATH，将 M2_HOME/bin 添加到 PATH 路径中。

```
# added by bobyuan.
export JAVA_HOME=/usr/lib/jvm/java-8-openjdk-amd64
export JRE_HOME=/usr/lib/jvm/java-8-openjdk-amd64/jre
export M2_HOME=/usr/local/apache-maven

export PATH=$JAVA_HOME/bin:$M2_HOME/bin:$PATH
```

至此手动安装已经完毕。我们退出当前用户，重新登入后，检查一下。此时屏幕输出示例如下：

```
bobyuan@ubuntuvm1:~$ which mvn
/usr/local/apache-maven/bin/mvn

bobyuan@ubuntuvm1:~$ mvn --version
Apache Maven 3.6.1 (d66c9c0b3152b2e69ee9bac180bb8fcc8e6af555; 2019-04-04T19:00:29Z)
Maven home: /usr/local/apache-maven
Java version: 1.8.0_212, vendor: Oracle Corporation, runtime: /usr/lib/jvm/java-8-openjdk-amd64/jre
Default locale: en_US, platform encoding: UTF-8
OS name: "linux", version: "4.15.0-52-generic", arch: "amd64", family: "unix"
```

可以看到，它显示的路径和版本，都符合我们的预期。

Maven 的基本使用请参考官方用户手册文档，另外还有多本 Maven 的相关书籍，例如《Maven 实战》、《Maven 应用实战》等。

2.5　安装 Jenkins

Jenkins 是一个开源项目，它是一个基于 Java 的持续集成系统。我们可以在 Jenkins 上配置持续集成的任务，让机器自动完成构建(build)，集中展示集成中存在的错误，提供详细的日志文件，具有提醒功能，以及用图表的形式展示项目构建的趋势和稳定性。

选择用 apt-get 方式在 Ubuntu 上安装 Jenkins，具体命令如下：

```
wget -q -O - https://pkg.jenkins.io/debian/jenkins.io.key | sudo apt-key add -

sudo sh -c 'echo deb http://pkg.jenkins.io/debian-stable binary/ > /etc/apt/sources.list.d/jenkins.list'

sudo apt-get update
sudo apt-get install jenkins
```

安装完成后，将会自动启动 Jenkins 服务。从屏幕输出结果可以看到，当前正常运行。

```
bobyuan@ubuntuvm1:~$ sudo systemctl status jenkins
 • jenkins.service - LSB: Start Jenkins at boot time
```

Loaded: loaded (/etc/init.d/jenkins; generated)

Active: active (exited) since Wed 2018-07-11 09:09:56 UTC; 50s ago

Docs: man:systemd-sysv-generator(8)

Tasks: 0 (limit: 2322)

CGroup: /system.slice/jenkins.service

Jul 11 09:09:55 ubuntuvm1 systemd[1]: Starting LSB: Start Jenkins at boot time...

Jul 11 09:09:55 ubuntuvm1 jenkins[5787]: Correct java version found

Jul 11 09:09:55 ubuntuvm1 jenkins[5787]:   * Starting Jenkins Automation Server jenkins

Jul 11 09:09:55 ubuntuvm1 su[5833]: Successful su for jenkins by root

Jul 11 09:09:55 ubuntuvm1 su[5833]: + ??? root:jenkins

Jul 11 09:09:55 ubuntuvm1 su[5833]: pam_unix(su:session): session opened for user jenkins by (uid=0)

Jul 11 09:09:55 ubuntuvm1 su[5833]: pam_unix(su:session): session closed for user jenkins

Jul 11 09:09:56 ubuntuvm1 jenkins[5787]:   ...done.

Jul 11 09:09:56 ubuntuvm1 systemd[1]: Started LSB: Start Jenkins at boot time.

Jenkins 默认的侦听端口是 8080，通过浏览器输入 ubuntuvm1 虚拟服务器地址和 8080 端口即可访问。首次访问需要解锁，请按屏幕提示操作，如图 2.12 所示。例如，从虚拟机里面查到密码是 "2bcb508f031743d5ada3fefb93e3167d"，将它填写在 "Administrator password" 输入框里，再按 "Continue" 按钮提交。

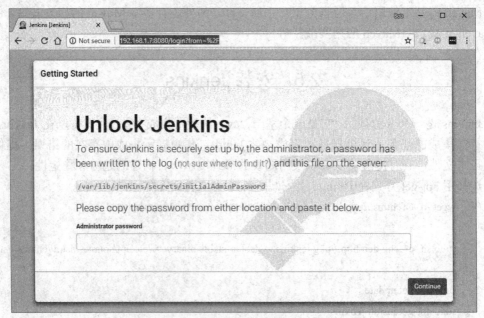

图 2.12　Jenkins 安装后解锁

选择 Jenkins 加载常用的插件，如图 2.13 所示。

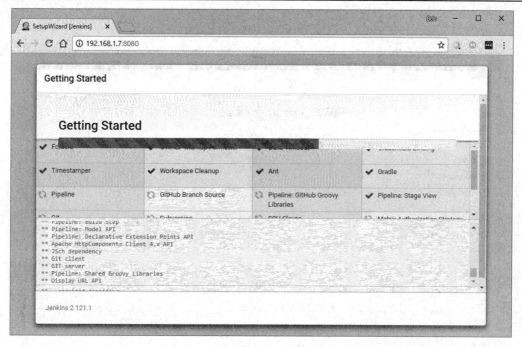

图 2.13　Jenkins 加载常用插件

　　插件加载完成后，就可以设置管理员账号，如图 2.14 所示，请牢记用户名和密码。然后设置服务器的 URL，这一步对于目前安装在虚拟机上供实验的 Jenkins 实例不太重要，可以暂时跳过(在 Jenkins 设置页面中还有机会更改)。

图 2.14　Jenkins 创建首个管理员用户

　　至此安装配置完毕，进入 Jenkins 的欢迎页面，如图 2.15 所示。

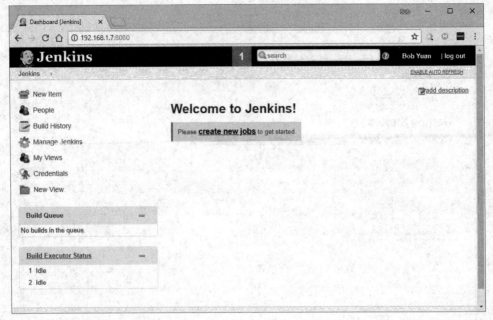

图 2.15　Jenkins 欢迎页面

Jenkins 正确安装后：

(1) Jenkins 的配置文件是/etc/default/jenkins。

(2) Jenkins 的后台服务进程是/etc/init.d/jenkins。

(3) Jenkins 的后台日志是/var/log/jenkins/jenkins.log。

(4) 创建了 jenkins:jenkins 用户以启动 Jenkins 服务。

　　为了避免端口占用冲突，我们将 Jenkins 的侦听端口从默认的 8080 改为 9090。修改配置文件 /etc/default/jenkins，再重启 Jenkins 服务，具体如下：

```
# stop Jenkins service.
sudo systemctl stop jenkins

# change from "HTTP_PORT=8080" to "HTTP_PORT=9090" in this file.
sudo vi /etc/default/jenkins

# restart Jenkins service.
sudo systemctl start jenkins

# check service status, should be active now.
sudo systemctl status jenkins
```

　　至此，Jenkins 已经修改到侦听于 9090 端口了。接上例，若虚拟机 ubuntuvm1 的 IP 地址是 192.168.1.7，则可以通过 http://192.168.1.7:9090/来访问虚拟机 ubuntuvm1 上的 Jenkins 应用程序。

　　注意本例中 Jenkins 是以服务的方式安装的，即虚拟机重启后，Jenkins 会自动以服务的方式启动。

Jenkins 的基本使用请参考官方文档。另外，还有多本 Jenkins 的相关书籍，例如《Jenkins 权威指南》、《Mastering Jenkins》等。

2.6　安装 Apache Tomcat

Apache Tomcat 是知名的 Java Web 应用程序服务器。本书中的 Web 应用程序将部署到 Tomcat 上运行，作为开发和测试环境，因而选择更灵活的手动安装模式。

Apache Tomcat 有多个发行版。本书选择最新的 9 版本，版本号为 9.0.21。

注意：在阅读本书的时候，最新的 Tomcat 版本很可能已经不是这个版本了，因此下载链接可能失效，应根据当时的版本号对应的下载链接，适当修改命令。

本机安装的 Tomcat 实例主要用于部署 Web 应用程序，作为测试环境。用当前用户"bobyuan"来安装和启动 Tomcat，它的安装路径选择在/usr/local。先把安装包下载到当前用户的 Home 路径中，按如下命令执行安装过程(将创建符号链接/usr/local/apache-tomcat 指向真实的安装路径)：

```
/usr/local/apache-tomcat-9.0.21。

# we will going to install tomcat here.
cd /usr/local

# unpack the tomcat release package.
sudo tar xzf ~/apache-tomcat-9.0.21.tar.gz

# change ownership to current user bobyuan
sudo chown -R bobyuan:bobyuan ./apache-tomcat-9.0.21

# create symbolic link pointing to the specific tomcat release.
sudo ln -s apache-tomcat-9.0.21 apache-tomcat

# remove the tomcat release package.
rm ~/apache-tomcat-9.0.21.tar.gz
```

检查列文件清单，查看 Tomcat 的安装，如图 2.16 所示。须注意符号连接"apache-tomcat"指向真正的安装路径。

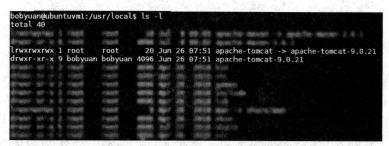

图 2.16　列文件清单查看 Tomcat 的安装

修改当前用户"bobyuan"的~/.profile，在最后添加一行如下内容：

```
export CATALINA_HOME=/usr/local/apache-tomcat
```

退出当前用户并重新登录(这将载入更新后的 ~/.profile)。

用当前用户"bobyuan"启动和关闭 Tomcat 服务，代码如下：

```
# start Tomcat server.
$CATALINA_HOME/bin/startup.sh


# stop Tomcat server.
$CATALINA_HOME/bin/shutdown.sh
```

Tomcat 默认的侦听端口是 8080，启动后，我们可以看到 8080 端口正在侦听，代码如下：

```
bobyuan@ubuntuvm1:~$ netstat -an | grep 8080

tcp6        0        0 :::8080                    :::*                    LISTEN
```

因此，若虚拟机的 IP 地址是 192.168.42.61，则可以用 http://192.168.42.61:8080 来访问 Tomcat，如果看到了 Tomcat 的欢迎页面(见图 2.17)，则表示安装和运行是正确的。

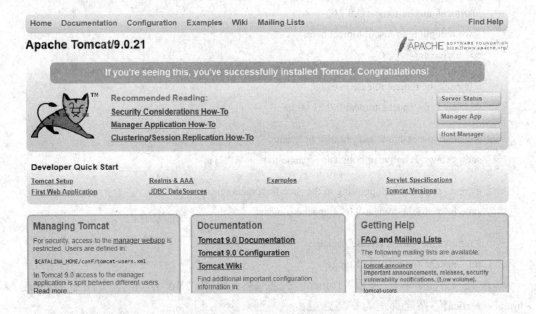

图 2.17　Tomcat 的欢迎页面

注意，以上 Tomcat 并非以系统服务的方式安装，因此，启动和关闭 Tomcat 都需要手动操作，执行启动和关闭命令。另外，虚拟机重启后也需要手动启动 Tomcat 服务。

至此，Tomcat 的安装已经完成。

以下是可选的步骤："manager"和"host-manager"是 Tomcat 自带的 Web 界面管理应用程序，在后续的实验中并未用到，我们也可以选择跳过。

为了使用 Tomcat 中的"manager"和"host-manager"两个 Web 应用程序，需要继续按如下步骤设置。修改 Tomcat 的管理员登录账号，编辑配置文件 conf/tomcat-users.xml，添加如下内容(注，下例中用 itsasecret 作为密码，它可以更改成其他的密码)：

```
<!-- user manager can access only manager section -->
<role rolename="manager-gui" />
<user username="manager" password="itsasecret" roles="manager-gui" />

<!-- user admin can access manager and admin section both -->
<role rolename="admin-gui" />
<user username="admin" password="itsasecret" roles="manager-gui,admin-gui" />
```

Tomcat 的用户设置如图 2.18 所示。

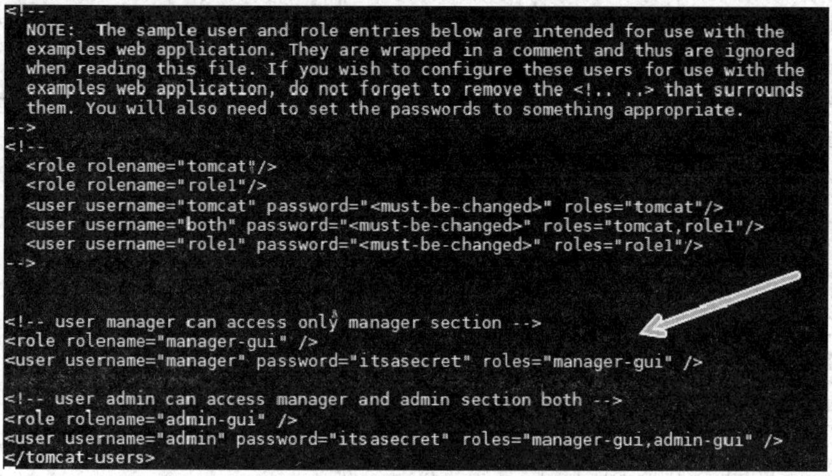

```
<!--
  NOTE:  The sample user and role entries below are intended for use with the
  examples web application. They are wrapped in a comment and thus are ignored
  when reading this file. If you wish to configure these users for use with the
  examples web application, do not forget to remove the <!.. ..> that surrounds
  them. You will also need to set the passwords to something appropriate.
-->
<!--
  <role rolename="tomcat"/>
  <role rolename="role1"/>
  <user username="tomcat" password="<must-be-changed>" roles="tomcat"/>
  <user username="both" password="<must-be-changed>" roles="tomcat,role1"/>
  <user username="role1" password="<must-be-changed>" roles="role1"/>
-->


<!-- user manager can access only manager section -->
<role rolename="manager-gui" />
<user username="manager" password="itsasecret" roles="manager-gui" />

<!-- user admin can access manager and admin section both -->
<role rolename="admin-gui" />
<user username="admin" password="itsasecret" roles="manager-gui,admin-gui" />
</tomcat-users>
```

图 2.18　Tomcat 的用户设置

默认的情况下，出于安全考虑，Tomcat 的“manager”和“host-manager”web 应用程序只能从本地(localhost)访问。如果要从其他机器远程访问，则需修改配置文件，将远端机器的 IP 或 IP 地址段添加到配置文件中，配置文件如下：

Manager File: ./webapps/manager/META-INF/context.xml

Host Manager File: ./webapps/host-manager/META-INF/context.xml

Tomcat 的远程管理访问设置如图 2.19 所示。我们需要通过 Windows Host 主机来访问虚拟机上的“manager”和“host-manager”web 应用程序，经查 Windows Host 主机的 IP 地址是 192.168.1.10，则在配置文件里添加“192.168.1.10”为远程访问客户端。

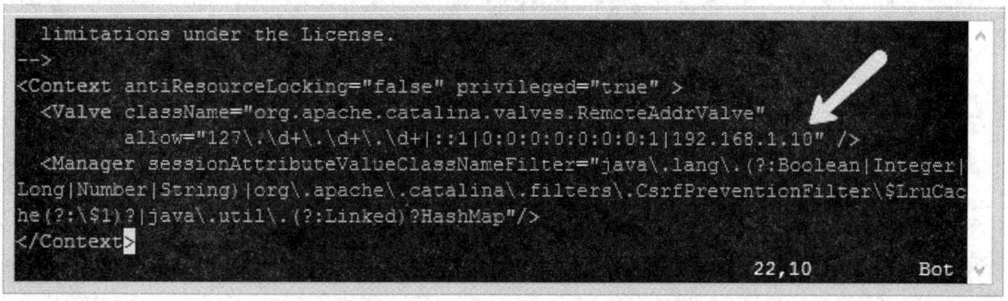

```
  limitations under the License.
-->
<Context antiResourceLocking="false" privileged="true" >
  <Valve className="org.apache.catalina.valves.RemoteAddrValve"
         allow="127\.\d+\.\d+\.\d+|::1|0:0:0:0:0:0:0:1|192.168.1.10" />
  <Manager sessionAttributeValueClassNameFilter="java\.lang\.(?:Boolean|Integer|
Long|Number|String)|org\.apache\.catalina\.filters\.CsrfPreventionFilter\$LruCac
he(?:\$1)?|java\.util\.(?:Linked)?HashMap"/>
</Context>
                                                          22,10          Bot
```

图 2.19　Tomcat 的远程管理访问设置

若虚拟机的 IP 地址是 192.168.42.61，可以在 Windows Host 主机上，通过浏览器用 http://192.168.42.61:8080/manager/ (用户名/密码：manager / itsasecret)来访问"Tomcat Web Application Manager"，用 http://192.168.42.61:8080/host-manager/ (用户名/密码：admin / itsasecret)来访问"Tomcat Virtual Host Manager"。

习　题

1．Oracle VirtualBox 安装文件，需要下载和安装的是哪两个？

2．Ubuntu Server 虚拟机中，怎样放入光盘镜像？怎样弹出光盘？

3．Ubuntu Server 虚拟机中，怎样放入"Guest Additions CD"镜像？怎样查看已经安装的"Guest Additions"版本？

4．Ubuntu Server 虚拟机中，当修改网络配置后(例如更改了桥接网络)，该运行什么命令让网络重启生效？

5．Ubuntu Server 虚拟机中，怎样查看 IP 地址？重启、关机的命令是什么？

6．在 2019 年 1 月之后，为了免费在商业用途中使用 JDK，应该安装 OpenJDK 还是 Oracle JDK？

7．非长期支持版本的 JDK 的技术支持时间一般是多久？

8．Apache Maven 把当前用户的配置文件和 jar 包保存在哪个文件夹里？

9．Jenkins 的默认侦听端口是什么？怎样修改默认的侦听端口？

10．Apache Tomcat 的默认侦听端口是什么？Tomcat 自带的"manager"和"host-manager"两个 Web 应用程序是用来做什么的？

11．Apache Tomcat 的安装，为什么要设置 CATALINA_HOME 而不是 TOMCAT_HOME？

第3章　云应用示例

　　现实世界里，常见的典型企业通常可以分为以下两类：

　　(1) 业务导向型企业，以 IT 作为技术支撑。例如某酒业有限公司，它的主业是白酒酿造和销售，公司内部部署了昂贵的 ERP (企业资源规划，Enterprise Resource Planning)系统，有复杂的 IT 系统为整个公司的业务活动提供支持。这类企业的主业是其核心竞争力所在，是企业的收入来源；而 IT 部门不直接创造利润，是企业的"成本中心"。无论自己的 IT 部门有多大，首席执行官(Chief Executive Officer，CEO)对它的关注度总是不会太高，它大概占整个企业营业成本的 1%～2%，甚至更少。随着信息化在全国许多企业的全面推进，IT 部门在企业中的作用愈加重要。但是，CEO 仍觉得 IT 部门是只花钱不赚钱的部门，不是核心业务部分。CEO 更多关心、更多投入的是能带来直接盈利的市场营销和财务部门。

　　(2) IT 产品或服务的供应商。如微软，它提供套装软件如 Office，也提供平台基础设施如 Azure 云服务，还提供专业的 IT 服务外包。这类企业的主业就是为市场提供 IT 产品或服务，当然，它也会有仅服务于内部的 IT 部门，但因对外的 IT 产品和服务是企业的收入来源，技术相关的岗位受重视程度会相对较高，故在研发方面的投入比例也较高。

　　复合型的企业也常见，例如亚马逊最早是传统纸质书的电子商务平台，后来发展出 AWS 云服务。

　　如果是第一类的企业，很可能作为合同甲方将 IT 服务外包；而第二类企业，通常作为合同乙方承接这些外包项目。我们的例子将以第二类企业为视角，假想有一个业务需求，要开发一个 Web 应用程序为外界提供服务。

　　获利是企业的主要目标，或许不能称之为唯一目标，但肯定是其多个目标里非常重要的一个部分。不能获利的企业将无法存续，而获利丰厚的企业也一定程度上意味着它的经营活动能够给社会带来更多价值。

　　企业参与市场竞争，为了获取最大利益，最关切的因素可以简单归纳如下：

　　(1) 多。多是指有丰富的产品线，品牌和档次，尽最大可能提高产量满足市场需求。

　　(2) 快。快是指效率高，它在不同行业有着不同的定义。例如在制造业，快是指比竞争对手更快地开发或生产出满足市场需求的新产品，或是快速响应市场需求的变化调整产品线。在电子商务网站上，快被定义为将商品快速递送到客户手中。在项目外包的服务业，快被定义为快速实施和交付项目。

　　(3) 好。好是指努力提高产品或服务质量，赢得客户的满意与口碑，形成更高的技术壁垒，突出自己在市场中的竞争优势。

　　(4) 省。省是指尽最大可能降低总体运营和生产成本。例如依据企业战略决策综合权衡投入产出比或总拥有成本，选择哪些工作必须自主研发或外包，哪些物资购买或租用等。

在这些目标里面，采用新技术都是非常重要的。虽然新技术也意味着不确定性和风险，但它同时伴随着高收益。科技型企业，尤其是初创企业，为了和现存的大企业竞争，会更热衷于采用新技术以提高竞争优势。

新兴的云计算平台就是新技术的一种。对于大多数企业而言，采用云平台来部署 Web 应用程序的优势是显而易见的，从云计算平台近些年来的蓬勃发展就可见一斑。事实上，传统自建机房的部署方式依然有存在的根基，比如出于数据安全方面考虑，银行和政府等对数据安全高度敏感的组织，是不可能将数据存放在外部环境中的。再有，在某些特定场景下，若规模和使用时间长度恰当，则总使用成本有可能会低于租用云平台的使用费。未来可以预见，传统自建机房的部署方式会逐渐减少，但不会消亡，它和云平台部署两种方式终将达到一个市场占比的均衡并长期并存。

大多数情况下，将 Web 应用程序部署在云平台，与自建机房的传统方式相比更灵活、快捷，也更经济。本书的例子 Web 应用程序的部署方式也毫无疑问地将采用租用云平台的方式来部署。

3.1 简单的 Web 应用程序

在企业里，通常业务需求是先导，综合考虑技术、人员等其他因素来确定系统架构。例如选择 Java 这种业界主流的 Web 应用程序开发技术的好处是：

(1) 技术成熟。有众多大企业商务关键性应用案例，安全稳定性有口碑，碰到技术上无法实现的可能性极小。

(2) 生态链成熟。有众多的第三方包和开发调试工具可以使用；有大量的文档和书籍可供学习参考；碰到了技术问题很容易通过网络搜索到公开的解决方案，或是可以相对容易在社区和论坛上获得帮助。

(3) 生命力长。因为有大量商业应用采用此项技术，使得这项技术在未来很长一段时间不会被淘汰，技术上能够持续积累竞争优势，在此技术上的投资将获得相对久远的回报。

(4) 人才市场上更容易找到开发人员，选择面宽，开发和维护的成本较低。

软件开发没有银弹，没有"最好"的应用程序开发语言或框架，只有适合应用场景的才是最好的。在比较复杂的企业级商业应用场景下，还会综合使用多种程序开发语言，综合多个工具和技术的优势特性来构建整个应用服务。

技术选型通常是由项目经理和经验丰富的高级技术人员(如架构师)来确定的，通常会采用快速原型法，制作一个或多个仅具备基本功能的原型(Prototype)，证明技术可行性，比选后再最终确定技术路线。

本书假定技术路线已经确定，将采用 Java 作为这个示例 Web 应用程序的开发语言，采用 Spring MVC 作为 Web 应用程序的框架。

示例 Web 应用程序 CounterWebApp 是一个非常简单的 Browser / Server 架构应用程序，它用来贯穿本书涉及的知识点。它是一个网页版的计数器，没有复杂的业务逻辑。为了方便下载，整个 CounterWebApp 应用程序的代码已经托管在 GitLab 上，其地址是：

https://gitlab.com/bobyuan/20190224_cloudappdev_code

它是公开的项目，我们可以通过网页把它下载到本地，便于稍后与自己创建的项目文件相对比。下载 CounterWebApp 的源程序压缩包的具体方法如图 3.1 所示。

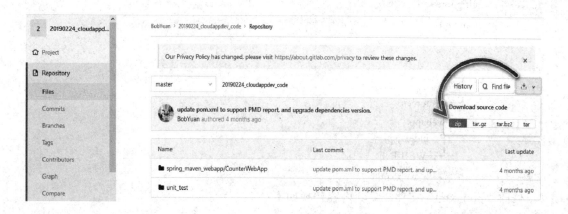

图 3.1　下载 CounterWebApp 的源程序压缩包

　　下面将简述在 Windows 上从零开始创建 CounterWebApp 项目，用于开发和调试的过程。这也符合通常的现实情况，即在 Windows 桌面环境下开发软件，完成后，将应用程序打包，部署到 Linux 服务器上运行，也就是之前安装配置好的 Ubuntu Server 虚拟机上。

　　假定我们的 Windows 电脑已经安装了 Maven、Eclipse (请注意选择：Eclipse IDE for Enterprise Java Developers)和 Apache Tomcat 9(下载二进制发行包"zip"即可)，这些工具在 Windows 上的安装都非常简单，我们可以参考官方的安装文档，此处从略。

　　首先用 Maven 创建 Web 应用程序的文件结构。在命令行窗口输入下面的命令(以下命令是一行，且开头为"#"的是注释，可以忽略)：

　　　　# create the CounterWebApp web application.

　　　　mvn archetype:generate -DgroupId=com.example –DartifactId = CounterWebApp –DarchetypeArtifactId = maven-archetype-webapp -DinteractiveMode=false

　　添加".gitignore"文本文件，它的作用是让 Git 忽略掉不需要加入版本控制的文件和文件夹。此文本文件的内容如下：

　　　　# ignore specific folder.

　　　　/.settings/

　　　　/target/

　　　　# ignore specific file.

　　　　# ignore any file.

　　　　*.class

　　　　*.log

　　　　*.bak

　　至此，CounterWebApp 项目的文件夹结构如下：

```
CounterWebApp
  |
  |   .gitignore
  |   pom.xml
  |
  └──src
      └──main
          ├──resources
          └──webapp
              |   index.jsp
              └──WEB-INF
                      web.xml
```

修改"pom.xml"文件,将其内容替换如下:

```xml
<?xml version="1.0" encoding="UTF-8"?>
<project xmlns="http://maven.apache.org/POM/4.0.0" xmlns:xsi="http://www.w3.org/2001/XMLSchema-instance"
    xsi:schemaLocation="http://maven.apache.org/POM/4.0.0 http://maven.apache.org/maven-v4_0_0.xsd">
    <modelVersion>4.0.0</modelVersion>

    <groupId>com.example</groupId>
    <artifactId>CounterWebApp</artifactId>
    <packaging>war</packaging>
    <version>1.0-SNAPSHOT</version>
    <name>CounterWebApp Maven Webapp</name>
    <url>http://maven.apache.org</url>

    <properties>
        <!-- Set default encoding -->
        <project.build.sourceEncoding>UTF-8</project.build.sourceEncoding>
        <project.reporting.outputEncoding>UTF-8</project.reporting.outputEncoding>

        <!-- Set compiler version -->
        <maven.compiler.target>1.8</maven.compiler.target>
        <maven.compiler.source>1.8</maven.compiler.source>

        <spring.version>5.1.6.RELEASE</spring.version>
        <jstl.version>1.2</jstl.version>
        <junit.version>4.12</junit.version>
        <logback.version>1.0.13</logback.version>
```

```xml
        <jcl-over-slf4j.version>1.7.5</jcl-over-slf4j.version>
</properties>


<dependencies>
    <!-- Unit Test -->
    <dependency>
        <groupId>junit</groupId>
        <artifactId>junit</artifactId>
        <version>${junit.version}</version>
        <scope>test</scope>
    </dependency>


    <!-- Spring Core -->
    <dependency>
        <groupId>org.springframework</groupId>
        <artifactId>spring-core</artifactId>
        <version>${spring.version}</version>
        <exclusions>
            <exclusion>
                <groupId>commons-logging</groupId>
                <artifactId>commons-logging</artifactId>
            </exclusion>
        </exclusions>
    </dependency>


    <dependency>
        <groupId>org.slf4j</groupId>
        <artifactId>jcl-over-slf4j</artifactId>
        <version>${jcl-over-slf4j.version}</version>
    </dependency>


    <dependency>
        <groupId>ch.qos.logback</groupId>
        <artifactId>logback-classic</artifactId>
        <version>${logback.version}</version>
    </dependency>


    <dependency>
        <groupId>org.springframework</groupId>
```

```xml
        <artifactId>spring-web</artifactId>
        <version>${spring.version}</version>
    </dependency>


    <dependency>
        <groupId>org.springframework</groupId>
        <artifactId>spring-webmvc</artifactId>
        <version>${spring.version}</version>
    </dependency>


    <!-- jstl -->
    <dependency>
        <groupId>jstl</groupId>
        <artifactId>jstl</artifactId>
        <version>${jstl.version}</version>
    </dependency>
</dependencies>


<build>
    <finalName>CounterWebApp</finalName>


    <plugins>
        <!-- Apache Maven Eclipse Plugin (RETIRED)
        The Maven Eclipse Plugin is used to generate Eclipse IDE files (*.classpath, *.project,
        *.wtpmodules and the .settings folder) for use with a project.
        Disclaimer: Users are advised to use m2e
        https://repo.maven.apache.org/maven2/org/apache/maven/plugins/maven-eclipse-plugin/
        -->
        <plugin>
            <groupId>org.apache.maven.plugins</groupId>
            <artifactId>maven-eclipse-plugin</artifactId>
            <version>2.9</version>
            <configuration>
                <!-- Always download and attach dependencies source code -->
                <downloadSources>true</downloadSources>
                <downloadJavadocs>false</downloadJavadocs>
                <!-- Avoid type mvn eclipse:eclipse -Dwtpversion=2.0 -->
                <wtpversion>2.0</wtpversion>
            </configuration>
```

```
        </plugin>

        <!-- Apache Maven Resources Plugin
        The Resources Plugin handles the copying of project resources to the output directory.
        There are two different kinds of resources: main resources and test resources.
        The difference is that the main resources are the resources associated to the main
        source code while the test resources are associated to the test source code.
        https://repo.maven.apache.org/maven2/org/apache/maven/plugins/maven-resources-plugin/
        -->
        <plugin>
            <groupId>org.apache.maven.plugins</groupId>
            <artifactId>maven-resources-plugin</artifactId>
            <version>3.1.0</version>
            <executions>
                <execution>
                    <phase>test</phase>
                    <goals>
                        <goal>resources</goal>
                        <goal>testResources</goal>
                    </goals>
                </execution>
            </executions>
        </plugin>

        <!-- Apache Maven Site Plugin
        The Site Plugin is used to generate a site for the project. The generated site also
        includes the project's reports that were configured in the POM.
        https://repo.maven.apache.org/maven2/org/apache/maven/plugins/maven-site-plugin/
        -->
        <!-- Note.
        To fix "mvn site" error "NoClassDefFoundError: org/apache/maven/doxia
/siterenderer/DocumentContent" problem.
        -->
        <plugin>
            <groupId>org.apache.maven.plugins</groupId>
            <artifactId>maven-site-plugin</artifactId>
            <version>3.7.1</version>
        </plugin>
```

```
        <!-- Tomcat Maven Plugin
        It provides goals to manipulate WAR projects within the Tomcat servlet container
version 7.x

https://repo.maven.apache.org/maven2/org/apache/tomcat/maven/tomcat7-maven-plugin/
        -->
            <plugin>
                <groupId>org.apache.tomcat.maven</groupId>
                <artifactId>tomcat7-maven-plugin</artifactId>
                <version>2.2</version>
                <configuration>
                    <server>TomcatServer</server>
                    <path>/CounterWebApp</path>
                </configuration>
            </plugin>
        </plugins>
    </build>


    <reporting>
        <plugins>
            <!-- Apache Maven Project Info Reports Plugin
            The Maven Project Info Reports plugin is used to generate reports information about
the project.
            Normally, we take off the dependency report to save time.

https://repo.maven.apache.org/maven2/org/apache/maven/plugins/maven-project-info-reports-plugin/
            -->
            <plugin>
                <groupId>org.apache.maven.plugins</groupId>
                <artifactId>maven-project-info-reports-plugin</artifactId>
                <version>3.0.0</version>
                <configuration>
                    <dependencyLocationsEnabled>false</dependencyLocationsEnabled>
                </configuration>
            </plugin>

            <!-- Apache Maven Javadoc Plugin.
            The Javadoc Plugin uses the Javadoc tool to generate javadocs for the specified
project.
```

https://repo.maven.apache.org/maven2/org/apache/maven/plugins/maven-javadoc-plugin/

```
        -->
        <plugin>
            <groupId>org.apache.maven.plugins</groupId>
            <artifactId>maven-javadoc-plugin</artifactId>
            <version>3.1.0</version>
        </plugin>


        <!-- Maven JXR Plugin.
        The JXR Plugin produces a cross-reference of the project's sources.
        https://repo.maven.apache.org/maven2/org/apache/maven/plugins/maven-jxr-plugin/
        -->
        <plugin>
            <groupId>org.apache.maven.plugins</groupId>
            <artifactId>maven-jxr-plugin</artifactId>
            <version>3.0.0</version>
        </plugin>


        <!-- Apache Maven PMD Plugin.
        The PMD Plugin allows you to automatically run the PMD code analysis tool on your
project's

        source code and generate a site report with its results.
        It also supports the separate Copy/Paste Detector tool (or CPD) distributed with
PMD.

        https://repo.maven.apache.org/maven2/org/apache/maven/plugins/maven-pmd-plugin/
        -->
        <plugin>
            <groupId>org.apache.maven.plugins</groupId>
            <artifactId>maven-pmd-plugin</artifactId>
            <version>3.12.0</version>
            <configuration>
                <skipEmptyReport>false</skipEmptyReport>
            </configuration>
        </plugin>
    </plugins>
  </reporting>
</project>
```

按下面的文件夹结构，创建文件夹，并添加源文件：

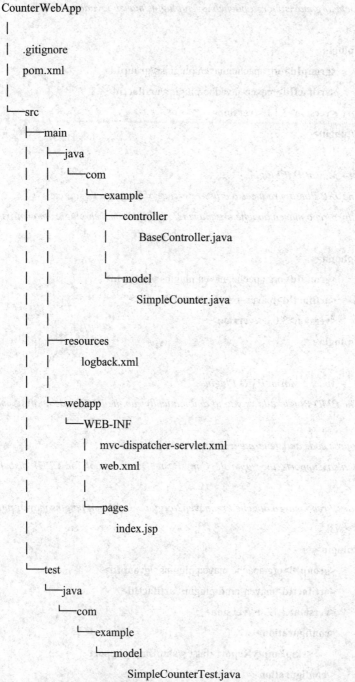

```
CounterWebApp
 |
 |    .gitignore
 |    pom.xml
 |
 └──src
     ├──main
     |   ├──java
     |   |   └──com
     |   |       └──example
     |   |           ├──controller
     |   |           |    BaseController.java
     |   |           |
     |   |           └──model
     |   |                SimpleCounter.java
     |   |
     |   ├──resources
     |   |    logback.xml
     |   |
     |   └──webapp
     |        └──WEB-INF
     |            |    mvc-dispatcher-servlet.xml
     |            |    web.xml
     |            |
     |            └──pages
     |                 index.jsp
     |
     └──test
         └──java
             └──com
                 └──example
                     └──model
                          SimpleCounterTest.java
```

其中，"com.example.controller.BaseController.java"的内容如下：

```java
package com.example.controller;

import org.slf4j.LoggerFactory;
import org.springframework.stereotype.Controller;
```

```java
import org.springframework.ui.ModelMap;
import org.springframework.web.bind.annotation.PathVariable;
import org.springframework.web.bind.annotation.RequestMapping;
import org.springframework.web.bind.annotation.RequestMethod;

import com.example.model.SimpleCounter;


@Controller
public class BaseController {
    private static SimpleCounter sc = new SimpleCounter();

    private static final String VIEW_INDEX = "index";
    private final static org.slf4j.Logger logger = LoggerFactory.getLogger(BaseController.class);

    private static synchronized long getNextCounterValue() {
        sc.increase();
        return sc.getValue();
    }

    @RequestMapping(value = "/", method = RequestMethod.GET)
    public String welcome(ModelMap model) {
        long counterValue = BaseController.getNextCounterValue();

        model.addAttribute("message", "Welcome");
        model.addAttribute("counter", counterValue);
        logger.debug("[welcome] counter : {}", counterValue);

        // Spring uses InternalResourceViewResolver and return back index.jsp
        return VIEW_INDEX;
    }

    @RequestMapping(value = "/{name}", method = RequestMethod.GET)
    public String welcomeName(@PathVariable String name, ModelMap model)
    {
        long counterValue = BaseController.getNextCounterValue();

        model.addAttribute("message", "Welcome " + name);
        model.addAttribute("counter", counterValue);
```

```
            logger.debug("[welcomeName] counter : {}", counterValue);

            // Spring uses InternalResourceViewResolver and return back index.jsp
            return VIEW_INDEX;
        }
    }
```

数据模型中，"com.example.model.SimpleCounter.java" 的内容如下：

```
    package com.example.model;


    public class SimpleCounter {
        private long counter = 0;

        public SimpleCounter() {
            this.counter = 0;
        }

        public SimpleCounter(long initValue) {
            this.counter = initValue;
        }

        public void increase() {
            this.counter = this.counter + 1;
        }

        public long getValue() {
            return this.counter;
        }
    }
```

它对应的单元测试 "com.example.model.SimpleCounterTest.java" 的内容如下：

```
    package com.example.model;


    import static org.junit.Assert.assertEquals;
    import org.junit.Test;


    public class SimpleCounterTest {


        @Test
        public void test_basic_usage() {
            SimpleCounter sc = new SimpleCounter();
```

```
            assertEquals(0, sc.getValue());

            sc.increase();
            assertEquals(1, sc.getValue());

            sc.increase();
            assertEquals(2, sc.getValue());

            sc.increase();
            assertEquals(3, sc.getValue());
        }

        @Test
        public void test_extended_usage() {
            SimpleCounter sc = new SimpleCounter(5);
            assertEquals(5, sc.getValue());

            sc.increase();
            assertEquals(6, sc.getValue());

            sc.increase();
            assertEquals(7, sc.getValue());

            sc.increase();
            assertEquals(8, sc.getValue());
        }
    }
```

资源文件 "logback.xml" 的内容如下：

```xml
<?xml version="1.0" encoding="UTF-8"?>
<configuration>

    <appender name="STDOUT" class="ch.qos.logback.core.ConsoleAppender">
        <layout class="ch.qos.logback.classic.PatternLayout">
            <Pattern>
                %d{yyyy-MM-dd HH:mm:ss} [%thread] %-5level %logger{36} - %msg%n
            </Pattern>
        </layout>
    </appender>
```

```
    <logger name="com.example.controller" level="debug" additivity="false">
        <appender-ref ref="STDOUT" />
    </logger>

    <root level="error">
        <appender-ref ref="STDOUT" />
    </root>

</configuration>
```
Spring MVC 的配置文件"mvc-dispatcher-servlet.xml"的内容如下：
```
<beans xmlns="http://www.springframework.org/schema/beans"
    xmlns:context="http://www.springframework.org/schema/context"
    xmlns:xsi="http://www.w3.org/2001/XMLSchema-instance"
    xsi:schemaLocation="
        http://www.springframework.org/schema/beans
        http://www.springframework.org/schema/beans/spring-beans.xsd
        http://www.springframework.org/schema/context
        http://www.springframework.org/schema/context/spring-context.xsd">

    <context:component-scan base-package="com.example.controller" />

    <bean
        class="org.springframework.web.servlet.view.InternalResourceViewResolver">
        <property name="prefix">
            <value>/WEB-INF/pages/</value>
        </property>
        <property name="suffix">
            <value>.jsp</value>
        </property>
    </bean>

</beans>
```
Web 应用程序的配置文件"web.xml"的内容如下：
```
<web-app xmlns="http://java.sun.com/xml/ns/javaee"
        xmlns:xsi="http://www.w3.org/2001/XMLSchema-instance"
        xsi:schemaLocation="http://java.sun.com/xml/ns/javaee
            http://java.sun.com/xml/ns/javaee/web-app_2_5.xsd"
        version="2.5">
```

```
    <display-name>Counter Web Application</display-name>

        <servlet>
            <servlet-name>mvc-dispatcher</servlet-name>
            <servlet-class>org.springframework.web.servlet.DispatcherServlet</servlet-class>
            <load-on-startup>1</load-on-startup>
        </servlet>

        <servlet-mapping>
            <servlet-name>mvc-dispatcher</servlet-name>
            <url-pattern>/</url-pattern>
        </servlet-mapping>

        <context-param>
            <param-name>contextConfigLocation</param-name>
            <param-value>/WEB-INF/mvc-dispatcher-servlet.xml</param-value>
        </context-param>

        <listener>
            <listener-class>org.springframework.web.context.ContextLoaderListener</listener-class>
        </listener>
    </web-app>
```

唯一的页面"index.jsp"(注意它位于"WEB-INF/pages"文件夹下)的内容如下:

```
<%@ page language="java" contentType="text/html; charset=UTF-8" pageEncoding="UTF-8"%>

<html>
<body>
<h1>Maven + Spring MVC Web Project Example</h1>

<h2>Message : ${message}</h2>
<h2>Counter : ${counter}</h2>
</body>
</html>
```

打开命令行窗口中,切换当前路径到"CounterWebApp"的文件夹下,用 Maven 生成 Eclipse 的项目文件("".classpath"和".project").执行此命令:

```
# generate Eclipse web project files.
mvn eclipse:eclipse -Dwtpversion=2.0
```

打开 Eclipse 集成开发环境,点选菜单"File | Import... "导入这个项目,在 Eclipse 中导入 CounterWebApp 项目的步骤如图 3.2 和图 3.3 所示。

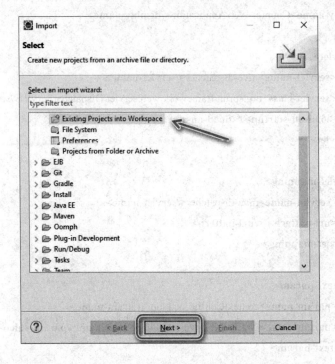

图 3.2 导入 CounterWebApp 项目之第 1 步

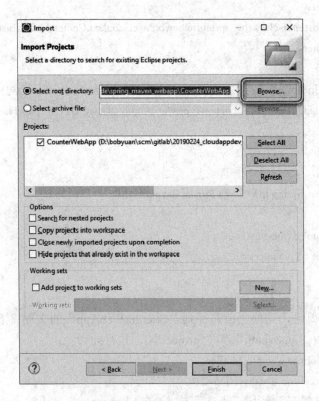

图 3.3 导入 CounterWebApp 项目之第 2 步

如图 3.4 所示，在 Eclipse 中导入 CounterWebApp 项目之完成。

图 3.4　导入 CounterWebApp 项目之完成

假定本机的开发环境安装了 Apache Tomcat 9.0，设置 Tomcat Server 运行环境界面如图 3.5 所示。

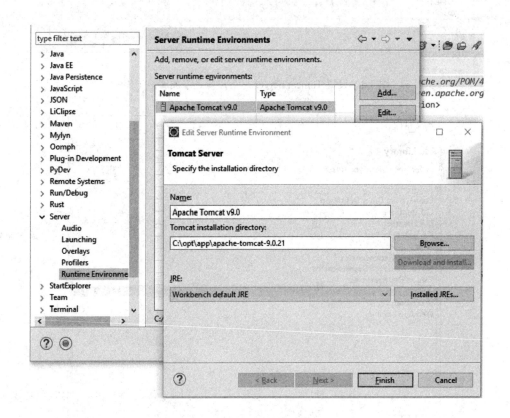

图 3.5　设置 Tomcat Server 运行环境界面

按"Add Library..."按钮，添加 Web 应用程序服务器的 API。设置 Tomcat Server 运行环境具体步骤如图 3.6～图 3.8 所示。

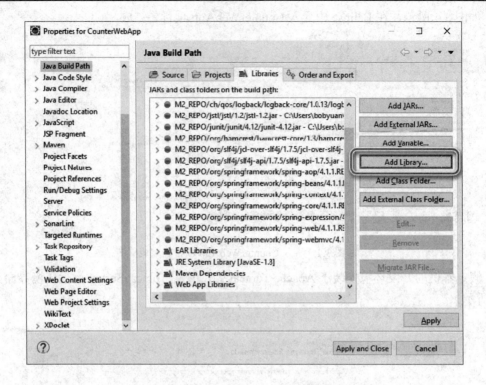

图 3.6　设置 Tomcat Server 运行环境之添加库第 1 步

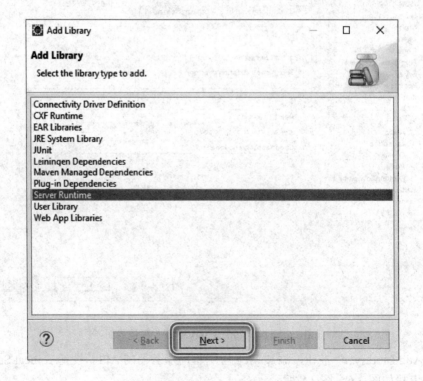

图 3.7　Eclipse 设置 Tomcat Server 运行环境之添加库第 2 步

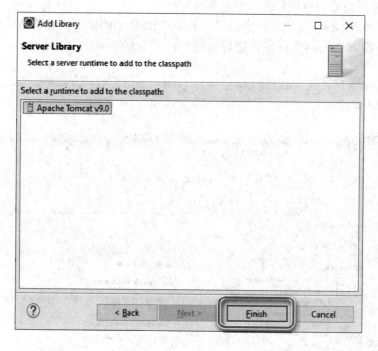

图 3.8　Eclipse 设置 Tomcat Server 运行环境之添加库第 3 步

按 "Finish" 按钮，完成 Tomcat Server 运行环境设置，如图 3.9 所示。
注意，图中的 "Apache Tomcat v9.0 [Apache Tomcat v9.0" 是刚才新添加的。

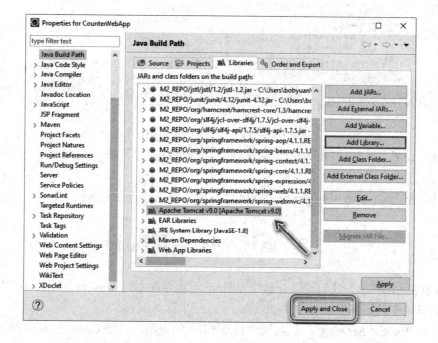

图 3.9　设置 Tomcat Server 运行环境之完成

在 Eclipse 里检查所有项目是否有错误标记。

如果在"Problems"视图窗口中出现了如图 3.10 所示的错误，根据错误提示，可以在项目设置中，搜索"facets"，然后进行如图 3.11 所示的设置。

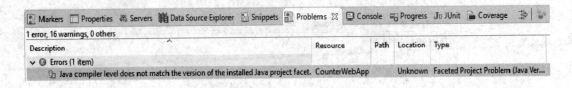

图 3.10　Eclipse 错误视图窗口

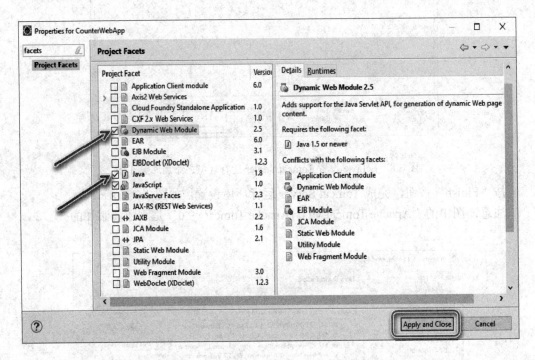

图 3.11　Eclipse 设置 Project Facets

注意，如果找不到"Problems"视图窗口，则可以通过菜单"Window | Show View | Problems"打开它。

至此，整个 CounterWebApp 应用程序项目的代码已经建立完毕。

3.2　运行 Web 应用程序

在 Eclipse IDE 里，我们可以让这个 Web 应用程序在本地 Tomcat 应用服务器上运行，主要目的是用于代码开发过程中的调试。

配置好 Tomcat Server 后，切换到"Java EE"的视图，选中 CounterWebApp 项目，选择菜单"Run | Run As | Run on Server"。具体的运行步骤如图 3.12～图 3.14 所示。

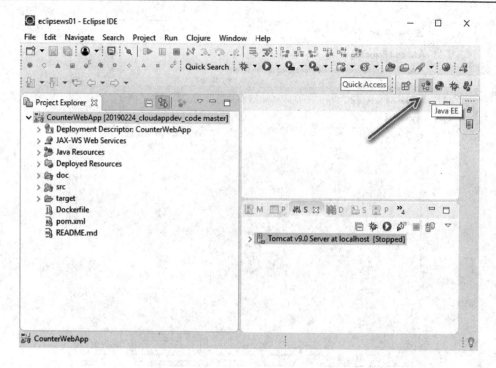

图 3.12　运行 CounterWebApp 第 1 步

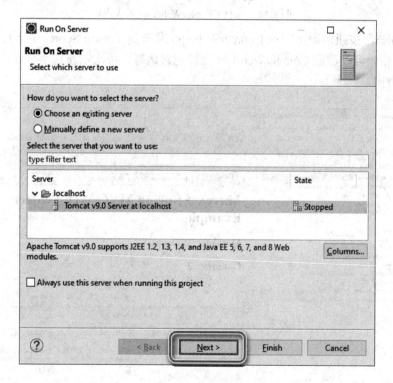

图 3.13　运行 CounterWebApp 第 2 步

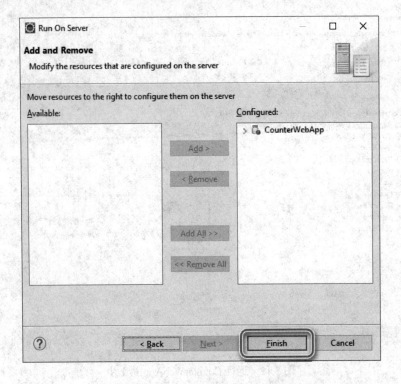

图 3.14　运行 CounterWebApp 第 3 步

按"Finish"按钮，即可将此 CounterWebApp 发布到 Tomcat Server 中运行。

图 3.15 中，可以看到 CounterWebApp 已经正常运行。每次刷新这个页面，都可以看到计数器会增加 1。

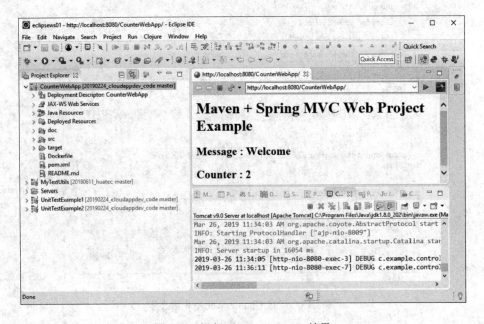

图 3.15　运行 CounterWebApp 结果

如果选择菜单"Run | Debug As | Debug on Server",则可以在调试模式下将此 CounterWebApp 发布到 Tomcat Server 中运行。适用于开发过程中的代码调试。

回到命令行窗口,我们来试试用 Maven 来打包和启动此 Web 应用程序。

我们先用 Maven 来生成发行包,将会在"target"文件夹中生成 "CounterWebApp.war"文件,命令如下:

```
mvn package
```

冉直接用 Maven 来运行这个 Web 应用程序,用于测试 CounterWebApp 是否可以正常工作。只是这次 Maven 将自动选择用"Apache Tomcat 7.0.47"来作为应用服务器,命令如下:

```
mvn tomcat7:run
```

如图 3.16 所示,通过 Maven 运行 CounterWebApp,我们可以看到 CounterWebApp 运行正常。

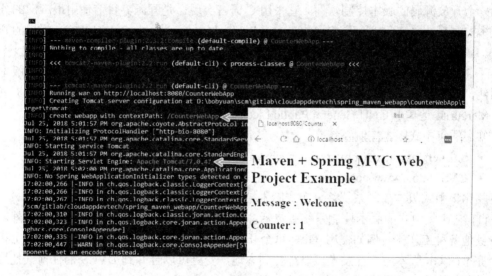

图 3.16 通过 Maven 运行 CounterWebApp

习 题

1. 简单列举选择主流的开发技术的好处。
2. "pom.xml"文件的用途是什么?应如何使用?
3. ".gitignore"文本文件的用途是什么?它应存放在何处?
4. Windows 中怎样关闭资源浏览器的"隐藏已知文件类型的扩展名"选项?
5. Windows 中怎样创建或保存这种没有文件名只有扩展名的文件(例如".gitignore")?
6. "web.xml"文件的用途是什么?它应存放在何处?

第4章 分布式版本控制系统 Git

分布式版本控制系统(Distributed Version Control System, DVCS)是一种不需要中心服务器来管理文件版本的方法,但是它也可以使用中心服务器。也即,中心服务器是可选的。

知名的分布式版本控制系统有:

- **Git**(https://git-scm.com)。Git 是 Linus Torvalds 为了帮助管理 Linux 内核开发而编写的一个开放源码的版本控制软件。它采用 C 语言实现,是开源界目前使用最广泛的分布式版本控制系统。Git 是基于 GNU General Public License version 2.0 (GPLv2) 授权的开源项目。

- **Mercurial** (https://www.mercurial-scm.org/)。Mercurial 是一个轻量级分布式版本控制系统,采用 Python 语言实现,因而天生跨平台支持更完善。它易于学习和使用,扩展性强。Mercurial 是基于 GNU General Public License version 2 (GPLv2)授权的开源项目。

知名的集中式版本控制系统有:

- **Subversion** (http://subversion.apache.org/)。
- **CVS** (http://www.nongnu.org/cvs/)。

相比集中式版本控制系统,分布式版本控制系统的主要优点是:

(1) 它比集中式的版本控制系统更灵活。因为它除了支持传统集中式的工作流外,还支持其他各种工作流。例如使用 Git,每个开发者通过克隆(git clone),在本地机器上拷贝一个完整的 Git 版本库。开发者可以提交到本地,变更可以合并到 DVCS 的任何其他用户的本地版本库中,实现非常灵活的工作流。

(2) 它比集中式版本控制系统快得多。它不依赖于服务器端软件的支持就可以工作。因为大多数操作可以在客户机本地执行,不需要通过网络操作。

鉴于 Git 在开源界的广泛使用,本书将只使用 Git 作为版本控制系统。

4.1 Git 快速入门

本书以 Windows Pro 64-bit 为平台,讲述 Git 的安装,以及常见的基本命令行操作。注意,Git 本是 Linux 上原生的应用程序,涉及的 Git 命令也当然都适用于 Linux。

1. Windows 上安装 Git

Git 的 Windows 下载地址为 https://git-scm.com/downloads,进入下载页面,如图 4.1 所示。

图 4.1　Git 的 Windows 下载页面

　　默认的安装路径是 C:\Program Files\Git，安装程序会自动添加 C:\Program Files\Git\cmd 到系统 PATH 环境变量中。安装完成后，打开命令行窗口，查看版本，命令如下：

　　　　git --version

　　按下列命令配置(需替换用户自己的名字和邮箱)：

　　　　git config --global user.name "YourName"

　　　　git config --global user.email "email@example.com"

　　　　git config --global gui.encoding "utf-8"

　　它将在 %USERPROFILE% 里自动创建一个文本文件 .gitconfig，内容如下：

　　　　C:\Users\bobyuan>type .gitconfig

　　　　[user]

　　　　　　　　name = YourName

　　　　　　　　email = email@example.com

　　　　[gui]

　　　　　　　　encoding = utf-8

　　这里创建的是当前用户的全局配置信息。对于单个具体的 git 项目，如果不指定的话将继承上面的全局配置，当然，也可以指定本项目内私有的配置信息，即不使用--global 参数。私有的配置信息将保存在项目文件夹内的.git\config 文件里。

　　为了方便，避免每次访问远程仓库时 Git 都询问登录的用户名和密码，需将登录用户名和密码保存在本地。可以使用以下命令，将把登录成功的用户名和密码保存在 %USERPROFILE %的“.git-credentials”文件中，同样是文本文件。

　　　　# to store the passwords in .git-credentials in your %home% directory.

　　　　git config --global credential.helper store

　　对于单个具体 Git 项目私有的配置，即不使用--global 参数，可以这样：

　　　　# to store the passwords in your specific Git project.

　　　　git config credential.helper store

let Git to resume to asking you for credentials every time.

git config --unset credential.helper

　　另外，此安装包自带了一个极为简单的图形界面，如图 4.2 所示，该界面可以运行 Git Gui 来打开。

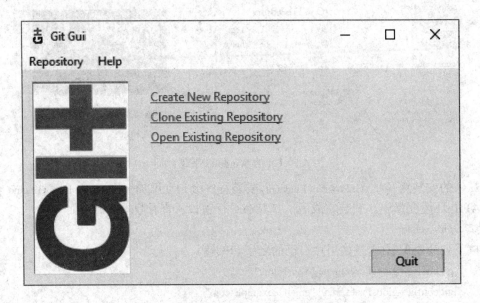

图 4.2　Git 的 Windows 自带图形用户界面

　　如果我们主要是在 Windows 上工作，免费的 git 图形界面软件值得推荐的是 TortoiseGit (网址是 https://tortoisegit.org/)。图形界面的使用不是本书讨论的范畴，它只是为了方便脱离命令行使用，原理都是一样的。如果我们掌握了 Git 命令行操作，理解了 Git 的工作原理，那么图形界面软件的操作也肯定不在话下了。

2. 常见的基本命令行操作

1) 本地版本库

　　在本地创建一个文件夹 learngit，通过 git init 命令把这个目录初始化成 Git 可以管理的版本库(repository)。为了避免出现一些不必要的麻烦，应注意文件夹路径不要包含中文、空格等字符。

D:\TEMP>mkdir learngit

D:\TEMP>cd learngit

D:\TEMP\learngit>git init
Initialized empty Git repository in D:/TEMP/learngit/.git/

我们可以看到一个隐藏文件夹.git，它里面有多个文件，是 Git 在本地的版本库。

　　Git 的版本库里存了很多东西，其中最重要的就是称为 Stage(或者叫 Index)的暂存区，还有 Git 为我们自动创建的第一个分支 master，以及指向 master 的一个指针 HEAD。

　　提交到版本库需要分两步走：先是将文件添加(add)到暂存区，再一并提交(commit)到版本库里的 master 分支上。简单的 Git 的版本库如图 4.3 所示。

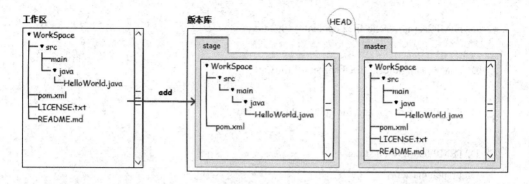

图 4.3　Git 的版本库

小结，涉及创建本地版本库的常用命令有：

　　git init

2) 添加并提交

新建一个文本文件 readme.txt，命令如下：

　　D:\TEMP\learngit>echo Git is a version control system. > readme.txt

　　D:\TEMP\learngit>type readme.txt

　　Git is a version control system.

把它加到暂存区，再提交到版本库里，命令如下：

　　D:\TEMP\learngit>git add readme.txt

　　D:\TEMP\learngit>git commit -m "add readme.txt into repository"

　　[master (root-commit) 0cd3695] add readme.txt into repository

　　　1 file changed, 1 insertion(+)

　　　create mode 100644 readme.txt

用 git log 查看提交记录，并用 git status 查看当前的工作区状态，命令如下：

　　D:\TEMP\learngit>git log

　　commit b2054aba8f7be9049b35aec08574fde93547a11a (HEAD -> master)

　　Author: bobyuan <yuan.bob@outlook.com>

　　Date:　　Tue Mar 12 10:34:11 2019 +0800

　　　　　add readme.txt into repository

　　D:\TEMP\learngit>git status

　　On branch master

　　nothing to commit, working tree clean

再多创建几个文件，将它们都提交到版本库里，命令如下：

```
D:\TEMP\learngit>echo file1 content > file1.txt

D:\TEMP\learngit>echo file2 content > file2.txt

D:\TEMP\learngit>echo file3 content > file3.txt

D:\TEMP\learngit>git add file1.txt file2.txt file3.txt

D:\TEMP\learngit>git status
On branch master
Changes to be committed:
  (use "git reset HEAD <file>..." to unstage)


        new file:    file1.txt
        new file:    file2.txt
        new file:    file3.txt



D:\TEMP\learngit>git commit -m "add file1, file2 and file3"
[master 2165d38] add file1, file2 and file3
 3 files changed, 3 insertions(+)
 create mode 100644 file1.txt
 create mode 100644 file2.txt
 create mode 100644 file3.txt
```

我们可以看到，提交成功后工作区空间空的了。用 git log 可以看到这次提交的记录，命令如下：

```
D:\TEMP\learngit>git status
On branch master
nothing to commit, working tree clean


D:\TEMP\learngit>git log
commit 7c77f840f332074cb75085a31a8c5e862382055c (HEAD -> master)
Author: bobyuan <yuan.bob@outlook.com>
Date:    Tue Mar 12 10:35:26 2019 +0800


        add file1, file2 and file3


commit b2054aba8f7be9049b35aec08574fde93547a11a
```

Author: bobyuan <yuan.bob@outlook.com>

Date:　　Tue Mar 12 10:34:11 2019 +0800

　　　　add readme.txt into repository

小结，涉及添加并提交到本地版本库的常用命令有：
- 添加文件到暂存区：
  git add <file>
- 提交到本地版本库：
  git commit -m "a short description"
- 查看提交记录：
  git log
- 查看当前状态：
  git status

3) 修改并提交

给 readme.txt 增加一行文字，命令如下：

D:\TEMP\learngit>echo Git is a free software.　>> readme.txt

D:\TEMP\learngit>type readme.txt

Git is a version control system.

Git is a free software.

我们可以通过 git status 看到，提示 readme.txt 文件已经更改，命令如下：

D:\TEMP\learngit>git status

On branch master

Changes not staged for commit:

　　(use "git add <file>..." to update what will be committed)

　　(use "git checkout -- <file>..." to discard changes in working directory)

　　　　modified:　　readme.txt

no changes added to commit (use "git add" and/or "git commit -a")

　如果此时我们对当前的修改不满意，想要退回到之前提交的版本，可以参照上面的提示，用命令 git checkout -- readme.txt 退回，当前的修改将被丢弃。注意，命令中的 "--" 很重要，没有它，就变成了 "切换到另一个分支" 的命令，而如果我们认可当前的修改，就可以把它加入到工作区，然后提交到版本库，命令如下：

D:\TEMP\learngit>git add readme.txt

D:\TEMP\learngit>git commit -m "append a line into readme.txt"

[master 03ac17e] append a line in readme.txt

　1 file changed, 1 insertion(+)

hi

提交后，工作区的状态已经空了，且通过 git log 可以看到这次提交的记录，命令如下：

```
D:\TEMP\learngit>git status
On branch master
nothing to commit, working tree clean

D:\TEMP\learngit>git log
commit 22ddccf734d1568391a0c84d1d2b07c02d2601b8 (HEAD -> master)
Author: bobyuan <yuan.bob@outlook.com>
Date:     Tue Mar 12 10:39:04 2019 +0800

        append a line into readme.txt

commit 7c77f840f332074cb75085a31a8c5e862382055c
Author: bobyuan <yuan.bob@outlook.com>
Date:     Tue Mar 12 10:35:26 2019 +0800

        add file1, file2 and file3

commit b2054aba8f7be9049b35aec08574fde93547a11a
Author: bobyuan <yuan.bob@outlook.com>
Date:     Tue Mar 12 10:34:11 2019 +0800

        add readme.txt into repository
```

在有些场景下，若出现人为错误，希望修改先前的提交，可以用--amend 命令。例如：

场景 1：如果提交后，不满意之前的提交信息(即-m 参数后面跟的描述信息)，则可以修改它。命令格式如下：

```
git commit --amend -m "New commit message"
```

例如在下面的例子中，我们把之前的提交信息"append a line into readme.txt"改成了"New commit message"。

```
D:\TEMP\learngit>git commit --amend -m "New commit message"
[master 67e8599] New commit message
 Date: Tue Mar 12 10:39:04 2019 +0800
 1 file changed, 1 insertion(+)
```

从 git log 中可见，修改后描述从之前的"append a line into readme.txt"已经变成了"New commit message"。

```
D:\TEMP\learngit>git log
commit 67e8599c82a0623e2f77fbeab3aea77a46f7f764 (HEAD -> master)
Author: bobyuan <yuan.bob@outlook.com>
Date:     Tue Mar 12 10:39:04 2019 +0800
```

New commit message

　　commit 7c77f840f332074cb75085a31a8c5e862382055c
　　Author: bobyuan <yuan.bob@outlook.com>
　　Date:　　Tue Mar 12 10:35:26 2019 +0800

　　　　add file1, file2 and file3

　　commit b2054aba8f7be9049b35aec08574fde93547a11a
　　Author: bobyuan <yuan.bob@outlook.com>
　　Date:　　Tue Mar 12 10:34:11 2019 +0800

　　　　add readme.txt into repository

　　场景 2：当你提交信息后，发现还有一个文件给漏掉了，想把它加到之前的提交上，而描述不变。命令格式如下：
　　　　git add another_file.txt
　　　　git commit --amend --no-edit
　　例如在下面的例子中，我们新增了一个文件 another_file.txt，把它加到之前提交上。
　　　　D:\TEMP\learngit>echo It is another file that is needed. > another_file.txt

　　　　D:\TEMP\learngit>type another_file.txt
　　　　It is another file that is needed.

　　　　D:\TEMP\learngit>git add another_file.txt

　　　　D:\TEMP\learngit>git commit --amend --no-edit
　　　　[master b2750d1] New commit message
　　　　 Date: Tue Mar 12 10:39:04 2019 +0800
　　　　 2 files changed, 2 insertions(+)
　　　　 create mode 100644 another_file.txt
　　从 git log 中我们可以看到，最近提交的 ID 变化了。之前提交信息是"67e8599c82a0623
e2f77fbeab3aea77a46f7f764"，而现在是"b2750d179ac0ca566c6ba9dc8c88824d99a6086b"。
　　　　D:\TEMP\learngit>git log
　　　　commit b2750d179ac0ca566c6ba9dc8c88824d99a6086b (HEAD -> master)
　　　　Author: bobyuan <yuan.bob@outlook.com>
　　　　Date:　　Tue Mar 12 10:39:04 2019 +0800

　　　　　　New commit message

commit 7c77f840f332074cb75085a31a8c5e862382055c

Author: bobyuan <yuan.bob@outlook.com>

Date:　　Tue Mar 12 10:35:26 2019 +0800

　　add file1, file2 and file3

commit b2054aba8f7be9049b35aec08574fde93547a11a

Author: bobyuan <yuan.bob@outlook.com>

Date:　　Tue Mar 12 10:34:11 2019 +0800

　　add readme.txt into repository

小结，涉及修改并提交到本地版本库的常用命令有：

- 文件修改后提交到本地版本库，需要先添加(add)再提交(commit)。
- 若要将本地文件的修改丢弃，则退回到最近一次提交到本地版本库的样子：

    git checkout -- <file>

- 如果要修改之前提交信息，或者将漏掉的文件加入到之前的提交，则可以用 --amend 选项。

4) 暂存区

我们再次修改 readme.txt，给它尾部增加一行文字，同时，创建了一个新文件 LICENSE。查看状态，可以看到提示，readme.txt 已被修改过(modified)，而 LICENSE 未被版本管理跟踪(Untracked)，命令如下：

D:\TEMP\learngit>echo Git has a mutable index called stage. >> readme.txt

D:\TEMP\learngit>echo License Information > LICENSE

D:\TEMP\learngit>git status

On branch master

Changes not staged for commit:

　　(use "git add <file>..." to update what will be committed)

　　(use "git checkout -- <file>..." to discard changes in working directory)

　　　　modified:　　readme.txt

Untracked files:

　　(use "git add <file>..." to include in what will be committed)

　　　　LICENSE

no changes added to commit (use "git add" and/or "git commit -a")

若要将它们提交，依然是分两步：先添加，再提交。

在添加后，我们可以看到这两个文件已经进入暂存区，如图 4.4 所示：

D:\TEMP\learngit>git add readme.txt LICENSE

D:\TEMP\learngit>git status

On branch master

Changes to be committed:

  (use "git reset HEAD <file>..." to unstage)

    new file: LICENSE

    modified: readme.txt

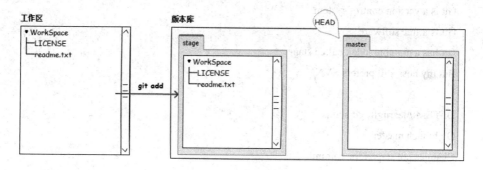

图 4.4　添加文件到暂存区

提交后，暂存区就清空了，如图 4.5 所示：

D:\TEMP\learngit>git commit -m "modify readme.txt and add LICENSE"

[master be0af06] modify readme.txt and add LICENSE

 2 files changed, 2 insertions(+)

 create mode 100644 LICENSE

D:\TEMP\learngit>git status

On branch master

nothing to commit, working tree clean

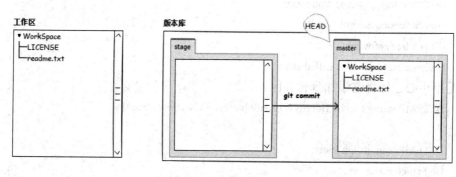

图 4.5　提交文件到版本库

暂存区(Stage)提供了一个缓冲，可以把当前工作区(即当前文件夹)的文件先添加到暂存区，然后一次性提交到本地版本库。有暂存区的好处是，如果添加文件过程中发生人为错误，那么还来得及修改。

　　需要注意的是，当前工作区内的文件修改后(此文件之前已经入库)，一定要添加到缓存区后才能被提交。如果修改后，忘记再次添加到缓存区，则提交时只会将缓存区内的文件提交，而不会把工作区内新的修改带上。

　　下面我们试看利用暂存区回滚的情况。

　　我们再给 readme.txt 增加一行文字：

```
D:\TEMP\learngit>echo But my boss still prefers SVN. >> readme.txt

D:\TEMP\learngit>type readme.txt
Git is a version control system.
Git is a free software.
Git has a mutable index called stage.
But my boss still prefers SVN.

D:\TEMP\learngit>git status
On branch master
Changes not staged for commit:
    (use "git add <file>..." to update what will be committed)
    (use "git checkout -- <file>..." to discard changes in working directory)

        modified:    readme.txt

no changes added to commit (use "git add" and/or "git commit -a")
```

　　因为还没添加到缓存区，所以，想要丢弃修改，则按提示 git checkout -- <file>...所述命令，回到最近一次提交的情况，具体命令如下：

```
D:\TEMP\learngit>git checkout -- readme.txt

D:\TEMP\learngit>type readme.txt
Git is a version control system.
Git is a free software.
Git has a mutable index called stage.
```

　　若是不小心已经将它添加到暂存区了：

```
D:\TEMP\learngit>echo But my boss still prefers SVN. >> readme.txt

D:\TEMP\learngit>git status
On branch master
Changes not staged for commit:
```

```
      (use "git add <file>..." to update what will be committed)
      (use "git checkout -- <file>..." to discard changes in working directory)

              modified:     readme.txt


no changes added to commit (use "git add" and/or "git commit -a")


D:\TEMP\learngit>git add readme.txt


D:\TEMP\learngit>git status
On branch master
Changes to be committed:
    (use "git reset HEAD <file>..." to unstage)


              modified:     readme.txt
```

我们可以按提示所述 git reset HEAD <file> 命令将它移除暂存区(Unstage)，具体命令如下：

```
D:\TEMP\learngit>git reset HEAD readme.txt
Unstaged changes after reset:
M          readme.txt


D:\TEMP\learngit>git status
On branch master
Changes not staged for commit:
    (use "git add <file>..." to update what will be committed)
    (use "git checkout -- <file>..." to discard changes in working directory)


              modified:     readme.txt


no changes added to commit (use "git add" and/or "git commit -a")
```

我们可以继续按提示 git checkout -- <file>... 所述命令，丢弃修改，返回到最近一次提交的情况：

```
D:\TEMP\learngit>type readme.txt
Git is a version control system.
Git is free software.
Git has a mutable index called stage.
My stupid boss still prefers SVN.


D:\TEMP\learngit>git checkout -- readme.txt
```

```
D:\TEMP\learngit>type readme.txt
Git is a version control system.
Git is free software.
Git has a mutable index called stage.


D:\TEMP\learngit>git status
On branch master
nothing to commit, working tree clean
```

小结，涉及暂存区的常用命令有：

- 将已经添加到暂存区的文件撤销。

  ```
  git reset HEAD <file>
  ```

- 若要将本地文件的修改丢弃，则退回到最近一次提交到本地版本库的状态。

  ```
  git checkout -- <file_name>
  ```

5) 删除与改名

如果由于误操作删除了某个文件，则可以很方便地通过 git checkout -- <file>...命令恢复到最近一次提交的情况。这与之前丢弃本地修改的例子一样。

```
D:\TEMP\learngit>del readme.txt


D:\TEMP\learngit>type readme.txt
The system cannot find the file specified.


D:\TEMP\learngit>git checkout -- readme.txt


D:\TEMP\learngit>type readme.txt
Git is a version control system.
Git is free software.
Git has a mutable index called stage.
```

如果确实想删除某个文件，例如"file3.txt"，则可以用 git rm <file>... 命令操作。

```
D:\TEMP\learngit>git rm file3.txt
rm 'file3.txt'
```

然后，提交到版本库。

```
D:\TEMP\learngit>git status
On branch master
Changes to be committed:
    (use "git reset HEAD <file>..." to unstage)


        deleted:    file3.txt
```

D:\TEMP\learngit>git commit -m "deleted file3.txt"

[master ba5eb05] deleted file3.txt

　1 file changed, 1 deletion(-)

　delete mode 100644 file3.txt

　　如果一个文件已经被提交到版本库中了，那么不用担心误删，但是要注意，我们只能恢复文件到版本库里的版本。也就是说，这将会丢失最近一次提交之后的修改。

　　类似的，移动或改名的命令是：git mv <source> <destination>。例如，我们将文件"file2.txt"改名为"file2_renamed.txt"：

D:\TEMP\learngit>git mv file2.txt file2_renamed.txt

然后，提交到版本库：

D:\TEMP\learngit>git status

On branch master

Changes to be committed:

　(use "git reset HEAD <file>..." to unstage)

　　　　renamed:　　file2.txt -> file2_renamed.txt

D:\TEMP\learngit>git commit -m "rename file2.txt"

[master eca88d6] rename file2.txt

　1 file changed, 0 insertions(+), 0 deletions(-)

　rename file2.txt => file2_renamed.txt (100%)

可以显示它的更多信息：

D:\TEMP\learngit>git show file2_renamed.txt

commit eca88d631b8f59edf2b075ebbeae9c83e8d80a26 (HEAD -> master)

Author: bobyuan <yuan.bob@outlook.com>

Date:　　Tue Mar 12 11:54:02 2019 +0800

　　　rename file2.txt

diff --git a/file2_renamed.txt b/file2_renamed.txt

new file mode 100644

index 0000000..00db75b

--- /dev/null

+++ b/file2_renamed.txt

@@ -0,0 +1 @@

+file2 content

　　小结，涉及删除、移动或改名的常用命令有：

· 将某个文件删除：

　git rm <file>

- 将某个文件或文件夹移动或改名：
   git mv <source> <destination>
- 显示某个文件的多项信息：
   git show <file>

6) 分支

　　Git 把每次提交串成一条时间线，这条时间线就是一个分支(branch)。截止到目前，只有一条时间线，在 Git 里这个分支叫主分支，即 master 分支。HEAD 严格米说不是指向提交，而是指向 master，master 才是指向提交的分支名称，所以，HEAD 指向的就是当前分支。

　　一开始的时候，master 分支是一条线，Git 用 master 指向最新的提交，再用 HEAD 指向 master，就能确定当前分支以及当前分支的提交点，具体如图 4.6 所示。

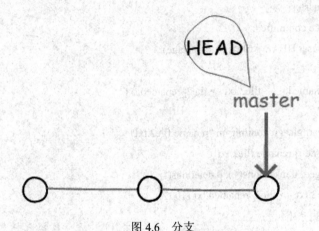

图 4.6　分支

　　每提交一次，master 分支都会向前移动一步。这样，随着我们不断提交，master 分支的线也越来越长。如图 4.7 所示为经过三次提交后的情形。

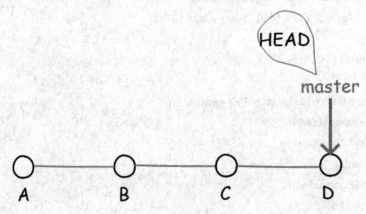

图 4.7　增加一次提交

　　例如，当创建一个新的分支 dev 时，Git 会新建一个 dev 指针指向 master 相同的提交，再把 HEAD 指向 dev，就表示当前分支在 dev 上，如图 4.8 所示。

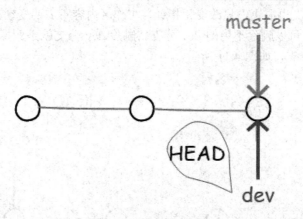

图 4.8　新建 dev 分支

Git 能快速创建一个分支，因为除了增加一个 dev 指针、改变 HEAD 的指向外，工作区的文件不需要任何变化。

然而，从现在开始，对工作区的修改和提交就是针对 dev 分支了。比如新提交一次后，dev 指针向前移动一步，而 master 指针没变，如图 4.9 所示。

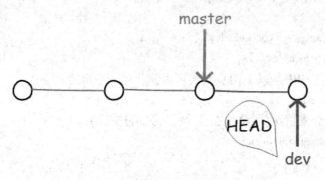

图 4.9　在 dev 分支上提交

假如在 dev 上的工作完成了，就可以把 dev 合并到 master 上。Git 可直接把 master 指向 dev 的当前提交，就完成了合并，如图 4.10 所示。

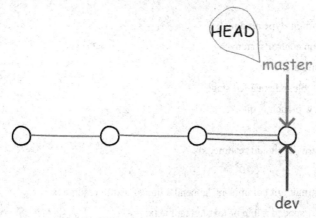

图 4.10　在 master 分支上合并 dev 分支

可见 Git 合并分支也很快，只改变了指针，工作区内容不需要变动，效率非常高！

合并完分支后，可以删除不用的 dev 分支。删除 dev 分支就是删掉 dev 指针，之后就剩下了一条 master 分支，如图 4.11 所示。

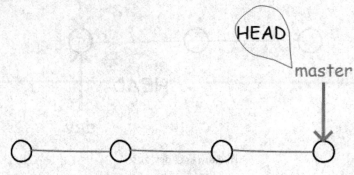

图 4.11　删除不用的 dev 分支

下面我们示范操作。

创建分支，并切换到新的分支上：

D:\TEMP\learngit>git branch dev

D:\TEMP\learngit>git checkout dev

Switched to branch 'dev'

注意，在实际工作中，以上两步其实可以简化成一条命令：

git checkout -b dev

我们查看一下分支情况(当前是在打"*"号的分支上)：

D:\TEMP\learngit>git branch

* dev

　master

修改 readme.txt，增加一行文字：

D:\TEMP\learngit>echo Creating a new branch is quick.　>> readme.txt

D:\TEMP\learngit>type readme.txt

Git is a version control system.

Git is free software.

Git has a mutable index called stage.

Creating a new branch is quick.

然后提交：

D:\TEMP\learngit>git add readme.txt

D:\TEMP\learngit>git commit -m "append a line of text to readme.txt"

[dev 5f1bd73] append a line of text to readme.txt

　1 file changed, 1 insertion(+)

现在，dev 分支工作完成，我们就可以切换回 master 分支：

  D:\TEMP\learngit>git checkout master

  Switched to branch 'master'

需要注意的是，切换到其他分支时，当前分支必须没有修改，或者修改已经提交到版本库中了，否则会切换失败。切换回 master 分支后，再查看一下 readme.txt 文件，刚才添加的内容不见了！那是因为之前提交的信息在 dev 分支上，而 master 分支此刻的提交点并没有变，结果如图 4.12 所示。

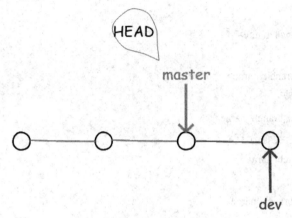

图 4.12　切换回 master 分支

现在，我们把 dev 分支的工作成果合并到 master 分支上：

  D:\TEMP\learngit>git merge dev

  Updating eca88d6..5f1bd73

  Fast-forward

   readme.txt | 1 +

   1 file changed, 1 insertion(+)

git merge 命令用于合并指定分支到当前分支。合并后，再查看 readme.txt 的内容，可以看到，和 dev 分支的最新提交是完全一样的。

Git 提示我们，这次合并是快进模式(Fast-forward)，也就是直接把 master 分支指向 dev 分支的当前提交，所以合并速度非常快。不是每次合并都能 Fast-forward，后面会介绍其他方式的合并。

合并完成后，就可以删除 dev 分支了。删除后查看分支，可以看到只剩下了 master 分支：

  D:\TEMP\learngit>git branch -d dev

  Deleted branch dev (was 5f1bd73).

  D:\TEMP\learngit>git branch

  * master

Git 创建、合并和删除分支非常快，所以 Git 建议使用分支完成某个任务。这和直接在 master 分支上工作的效率是一样的，且更安全(不影响 master 分支)、更灵活(自己的分支只有自己可见，且不能预判什么时候能开发完)，特别适用于多人协作开发的场合：

　　· 假如分支上的任务完成，则可以合并到 master 分支后再将此分支删掉；

　　· 如果分支上的任务完成得不理想，则可以直接丢弃，不进行合并，直接将此分支删除。

　　小结，涉及分支的常用命令有：

　　· 查看分支：

　　　　git branch

　　· 创建分支：

　　　　git branch <branch_name>

　　· 切换分支：

　　　　git checkout <branch_name>

　　· 创建+切换分支：

　　　　git checkout -b <branch_name>

　　· 合并某分支到当前分支：

　　　　git merge <branch_name>

　　· 删除分支：

　　　　git branch -d <branch_name>

7) 解决冲突

在合并分支的操作中，一般情况下 Git 会自动合并文本文件的修改，但是，如果同一个文件的同一行存在不同的修改，就会需要人工参与合并，解决冲突后再次提交。

　　例如，我们创建一个新的 feature1 分支，在新分支上进行开发：

　　　　D:\TEMP\learngit>git checkout -b feature1

　　　　Switched to a new branch 'feature1'

修改 readme.txt 文件，增加了一行文字：

　　　　D:\TEMP\learngit>echo This line will cause conflict. >> readme.txt

　　　　D:\TEMP\learngit>type readme.txt

　　　　Git is a version control system.

　　　　Git is a free software.

　　　　Git has a mutable index called stage.

　　　　Creating a new branch is quick.

　　　　This line will cause conflict.

然后在 feature1 分支上提交：

　　　　D:\TEMP\learngit>git add readme.txt

　　　　D:\TEMP\learngit>git commit -m "add a line to readme.txt that will in conflict."

　　　　[feature1 b5fe885] add a line to readme.txt that will in conflict.

　　　　 1 file changed, 1 insertion(+)

切换回到 master 分支：

  D:\TEMP\learngit>git checkout master

  Switched to branch 'master'

这次也是修改 readme.txt 文件，增加一行文字，但稍许不同(它们都处在同一行，即第 5 行)：

  D:\TEMP\learngit>echo This line will cause conflict while merging. >> readme.txt

  D:\TEMP\learngit>type readme.txt

  Git is a version control system.

  Git is free software.

  Git has a mutable index called stage.

  Creating a new branch is quick.

  This line will cause conflict while merging.

在 master 分支上提交：

  D:\TEMP\learngit>git add readme.txt

  D:\TEMP\learngit>git commit -m "add a line to readme.txt, it for sure will result a conflict."

  [master fe8dbec] add a line to readme.txt, it for sure will result a conflict.

   1 file changed, 1 insertion(+)

现在，master 分支和 feature1 分支各自都分别有新的提交，变成了如图 4.13 所示的情况。

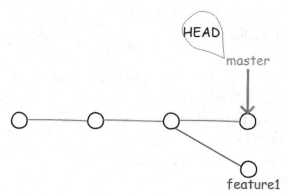

图 4.13　master 和 feature1 分支都有新的提交

这种情况下，Git 无法执行"快速合并"，只能试图把各自的修改合并起来，但这种合并可能会发生冲突：

  D:\TEMP\learngit>git merge feature1

  Auto-merging readme.txt

  CONFLICT (content): Merge conflict in readme.txt

  Automatic merge failed; fix conflicts and then commit the result.

可见发生了冲突！Git 告诉我们 readme.txt 文件存在冲突，必须手动解决冲突后再提交。

用 git status 也可以查看到发生冲突的文件：

```
D:\TEMP\learngit>git status
On branch master
You have unmerged paths.
  (fix conflicts and run "git commit")
  (use "git merge --abort" to abort the merge)

Unmerged paths:
  (use "git add <file>..." to mark resolution)

        both modified:    readme.txt

no changes added to commit (use "git add" and/or "git commit -a")
```

我们可以直接查看 readme.txt 的内容。它变成了这样：

```
D:\TEMP\learngit>type readme.txt
Git is a version control system.
Git is a free software.
Git has a mutable index called stage.
Creating a new branch is quick.
<<<<<<< HEAD
This line will cause conflict while merging.
=======
This line will cause conflict.
>>>>>>> feature1
```

Git 用<<<<<<<，=======，>>>>>>> 标记分割不同分支的内容，便于我们对比后合并。

修改 readme.txt 后保存。内容如下：

```
D:\TEMP\learngit>type readme.txt
Git is a version control system.
Git is a free software.
Git has a mutable index called stage.
Creating a new branch is quick.
This line will now have no conflict, merged manually.
```

再次提交，这次成功了。

```
D:\TEMP\learngit>git add readme.txt

D:\TEMP\learngit>git commit -m "conflict resolved."
[master fa56be4] conflict resolved.
```

现在，master 分支和 feature1 分支变成了如图 4.14 所示的情形。

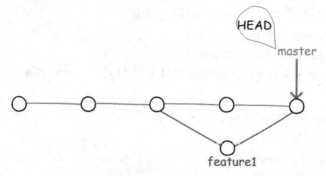

图 4.14　在 master 分支上合并 feature1 分支

用带参数的 git log 查看分支的合并情况：

D:\TEMP\learngit>git log --graph --pretty=oneline --abbrev-commit

*　　fa56be4 (HEAD -> master) conflict resolved.

|\

| * b5fe885 (feature1) add a line to readme.txt that will in conflict.

* | fe8dbec add a line to readme.txt, it for sure will result a conflict.

|/

* 5f1bd73 append a line of text to readme.txt

* eca88d6 rename file2.txt

* ba5eb05 deleted file3.txt

* 8ff8d96 modify readme.txt and add LICENSE

* b2750d1 New commit message

* 7c77f84 add file1, file2 and file3

* b2054ab add readme.txt into repository

还可以运行 gitk 图形界面来查看分支情况，如图 4.15 所示。

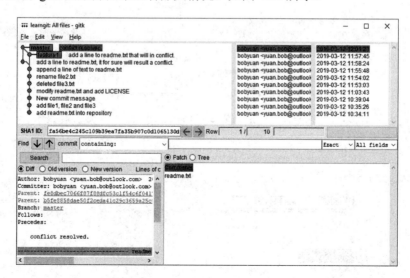

图 4.15　运行 gitk 图形界面

最后，合并后不再需要的 feature1 分支，须删除：

　　　　D:\TEMP\learngit>git branch -d feature1

　　　　Deleted branch feature1 (was b5fe885).

　　当 Git 无法自动合并分支时，就产生了冲突，需要手工修改发生冲突的文件，编辑成为我们希望的内容，再提交即可。

　　小结，涉及解决冲突的常用命令有：

- 合并另一分支到当前分支：

　　　　git merge <another_branch_name>

- 冲突解决后，再次提交：

　　　　git commit -m "a short description"

- 合并完成后，删除另一分支：

　　　　git branch -d <another_branch_name>

- 图形化显示提交记录：

　　　　git log --graph --pretty=oneline --abbrev-commit

8) 远程版本库

　　以 Git 托管服务 GitHub 为例，在上面新建立(Repository)一个远程版本库，然后将它克隆(Clone)到本地，作为本地版本库。在本地版本库上做修改，完成后提交(Commit)到本地库，再推送(Push)到远程版本库上。其他合作开发者也可以进行同样的操作，于是就可以通过远程版本库来协作开发了。如果需要让本地库和远程库同步，可执行拉(Pull)操作，大多数情况下 Git 会自动合并(Merge)，但如果有冲突(Conflict)，那么也可以解决冲突后，再次提交并推送到远程版本库上。

　　这就是作为团队协作开发使用远程版本库的常见模式。如果是单人开发，则这样做的好处是，远程版本库可以作为备份，从而保证数据安全。

　　在 GitHub 上创建一个"learngit"的远程版本库，如图 4.16 所示。

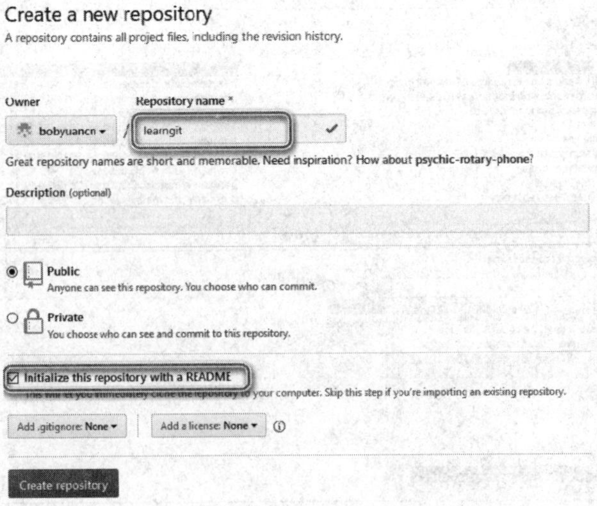

Create a new repository

A repository contains all project files, including the revision history.

Owner　　　　Repository name *

🐾 bobyuancn / [learngit] ✔

Great repository names are short and memorable. Need inspiration? How about psychic-rotary-phone?

Description (optional)

[   ]

⦿ 🖥 **Public**
　　Anyone can see this repository. You choose who can commit.

◯ 🔒 **Private**
　　You choose who can see and commit to this repository.

☑ Initialize this repository with a README
　　This will let you immediately clone the repository to your computer. Skip this step if you're importing an existing repository.

Add .gitignore: None ▾　　Add a license: None ▾ ⓘ

[Create repository]

图 4.16　创建新的代码库

创建成功后，按"Clone or download"按钮，会出现下拉窗口，显示了克隆此远程版本库的 URL：

https://github.com/bobyuancn/learngit.git

记住这个 URL，它将用在后面的克隆命令中。代码库的克隆链接如图 4.17 所示。

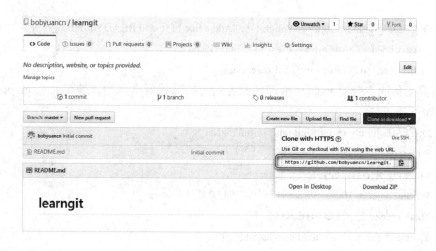

图 4.17　代码库的克隆链接

将它克隆到本地，使用命令 git clone <remote_repo_url>：

D:\TEMP>mkdir github

D:\TEMP>cd github

D:\TEMP\github>git clone https://github.com/bobyuancn/learngit.git
Cloning into 'learngit'...
remote: Enumerating objects: 3, done.
remote: Counting objects: 100% (3/3), done.
remote: Total 3 (delta 0), reused 0 (delta 0), pack-reused 0
Unpacking objects: 100% (3/3), done.

结果显示，本地只有一个"README.md"文本文件：

D:\TEMP\github>cd learngit

D:\TEMP\github\learngit>type README.md
learngit

我们用文本编辑器打开该文件，修改成为如下内容并保存：

learngit
This is my first Git based project.

检查"README.md"的内容，将它提交到本地库：

D:\TEMP\github\learngit>type README.md

```
# learngit

This is my first Git based project.


D:\TEMP\github\learngit>git add README.md


D:\TEMP\github\learngit>git commit -m "Add a line of text to README.txt"
[master bdedcc7] Add a line of text to README.txt
    1 file changed, 2 insertions(+), 1 deletion(-)
```

把当前工作的主分支 master 推送到服务器上的远程版本库中，使用命令 git push origin master，如下：

```
D:\TEMP\github\learngit>git push origin master
Enumerating objects: 5, done.
Counting objects: 100% (5/5), done.
Writing objects: 100% (3/3), 304 bytes | 304.00 KiB/s, done.
Total 3 (delta 0), reused 0 (delta 0)
To https://github.com/bobyuancn/learngit.git
    678719e..bdedcc7    master -> master
```

用浏览器访问此远程版本库 https://github.com/bobyuancn/learngit，发现我们的修改已经存在了，如图 4.18 所示。

图 4.18　查看版本库的变更

若有需要从远程版本库同步到本地库，则使用命令 git pull，如下：

```
D:\TEMP\github\learngit>git pull
    Already up to date.
```

分布式版本系统在本地工作完全不需要考虑远程库的存在，没有联网时也可以正常工作；而集中式版本控制系统(如 Subversion)在没有联网的时候是无法工作的，当有网络的时候，再把本地提交推送到远程版本库。

小结，涉及远程版本库常用命令有：

- 将远程版本库克隆到本地库：

  git clone <remote_repo_url>

- 将本地库的修改推送到远程版本库：

  git push ...

- 将远程版本库同步到本地库：

  git pull

9) ".gitignore" 文件

".gitignore" 是一个纯文本文件，置于工作区中，方便 Git 过滤掉那些不需要版本控制的文件，例如：

(1) 操作系统自动生成的文件，例如：

Thumbs.db, ehthumbs.db, Desktop.ini

(2) 编译生成的中间文件、可执行文件等，例如：

.class，.jar, *.war, *.exe

(3) 其他文件，例如备份文件 *.bak、日志文件*.log、个性化配置文件等。

例如，下面是一个 Python 项目中的过滤条件：

```
# ignore specific folder.
/.idea/
/.settings/
/.vscode/
/build/apidoc/

# ignore specific file.
/src/.coverage

# ignore any folder.
__pycache__/

# ignore any file.
*.pyc
*.log
*.bak
```

我们可以参照它来编写符合自己项目使用的 ".gitignore"。".gitignore" 可以加入版本库中，作为项目文件的一部分。

值得提及的是，GitHub 中有一个 ".gitignore" 的模板大集合，方便我们参考：https://github.com/github/gitignore。

例如，我们创建一个文件 "mybackup.bak"，欲添加该文件到暂存区，但添加不了，因为这个文件符合"*.bak"规则，被过滤掉了。

```
D:\TEMP\learngit>echo This is a backup file > mybackup.bak


D:\TEMP\learngit>git add mybackup.bak
The following paths are ignored by one of your .gitignore files:

mybackup.bak

Use -f if you really want to add them.
```

若要强制添加，如上提示，可以用"-f"参数：git add -f mybackup.bak。

若想知道是哪个过滤规则导致了此文件被过滤，则可以用 git check-inore 命令来检查。

```
D:\TEMP\learngit>git check-ignore -v mybackup.bak

.gitignore:2:*.bak        mybackup.bak
```

反馈提示是".gitignore"的第 2 行，规则为"*.bak"。根据这样的提示，可以方便编写".gitignore"以调整规则。

小结，涉及".gitignore"的知识点有：

· 在工作区内添加一个文本文件".gitignore"，可用来定义不需要版本管理的文件过滤规则。此".gitignore"文件本身可被添加到版本库中。

· 强制添加某文件到暂存区，增加一个"-f"选项：

```
git add -f <file>
```

· 对发生过滤的文件，检查生效的过滤规则：

```
git check-ignore -v <file>
```

· ".gitignore"的模板大集合：https://github.com/github/gitignore。

10) Git 学习资料

以上简要介绍了 Git 的基本命令行操作，方便读者理解 Git 的工作原理，足以应付常见的版本控制使用场合。当然，还有很多实用的命令未覆盖到，建议有兴趣深入的读者继续阅读 Git 官方的用户手册或免费电子书《ProGit》。

4.2 安装 Git 客户端

我们可以自己搭建私有的分布式版本控制系统，也可以使用现成的云平台，这些云平台提供不同付费等级的服务，有免费的，适用于个人或小团队，也有收费的，适用于企业。直接使用这些云平台比自建更有优势，本书将采用直接使用免费的 GitLab 云平台。

知名的免费 Git 托管服务网站有：

· GitLab，支持免费的公开和私有代码库，适合个人和小团队使用。
https://gitlab.com/

· Bitbucket，支持免费的公开和私有代码库，适合个人和小团队使用。
https://bitbucket.org/

· GitHub，仅支持免费的公开代码库(私有代码库要收费)，已经被微软收购。
https://github.com/

Windows 操作系统上知名的免费 Git 图形界面客户端有：

- TortoiseGit, https://tortoisegit.org/
- SourceTree, https://www.sourcetreeapp.com/

本书将只使用 Windows 操作系统上的 TortoiseGit 作为客户端，配合使用 GitLab 代码托管服务。按以下步骤安装客户端：

(1) 在 GitLab 上注册账号。注意，GitLab 新用户注册时使用了 Google 提供的 reCAPTCHA 服务，用以验证真人，因此在国内的网络上是无法注册的。不过注册好账号之后，在国内的网络上使用 GitLab 不会受影响。

(2) 安装 Git for Windows(网址是 https://git-for-windows.github.io/)。如果已经安装了，则可以跳过这一步。提示：如果不用它自带的命令行方式工作(仅使用 TortoiseGit 的图形界面)，可以不选择"Shell Integration"，以避免点击鼠标右键出现菜单项过多的问题。

(3) 安装 TortoiseGit，选择默认安装选项即可。安装完成后，可以设置用户名和电子邮件。

(4) 如果没有密钥对，则可以用 Puttygen.exe 生成密钥对，私钥保存在本地，公钥配置到 GitLab 上的账号里。

(5) 在 GitLab 上创建一个测试用的项目，以验证一切工作正常。

例如，在 TortoiseGit 中设置用户名和电子邮件，如图 4.19 所示。

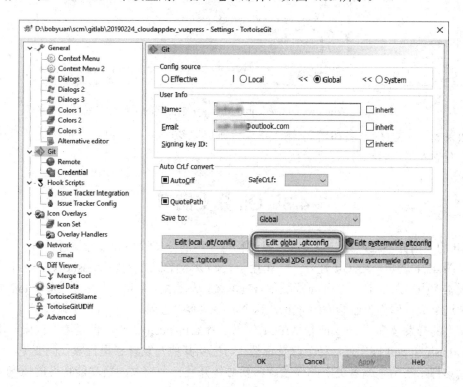

图 4.19　TortoiseGit 的配置

安装设置完成后，在 %USERPROFILE% 文件夹中会出现一个配置文件".gitconfig"，用来存储 Git 的相关配置信息。

另外，在 Windows 的"Credential Manager"中会留存登录网站的用户名和密码信息，如图 4.20 所示。

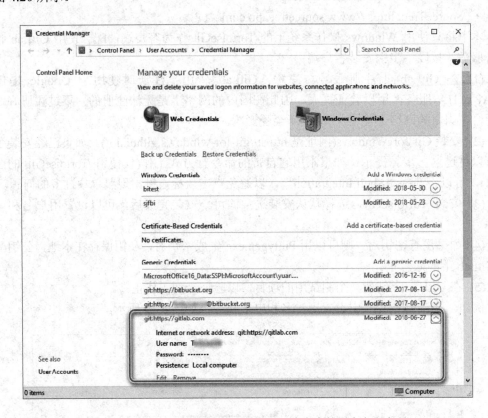

图 4.20　Windows 的 Credential Manager 中留存的用户名和密码

如果登录信息(用户名和密码)输入错误，则删除这个留存的记录，再次尝试登录将会提示重新输入用户名和密码。

4.3　Git 分支模型

Git 的使用并不难，难点是实际开发过程中采用的分支模型和发布管理流程。

如图 4.21 所示，用 Git 建立了一个用于代码版本控制的仓库(repository)。这个仓库是中心版本库(因为 Git 是一个分布式版本管理系统，从技术上来讲，并没有一个中心版本库)，我们把这个版本库称为原始库(origin)，这个名字很容易理解。

所有的开发者都从 origin 拉取(pull)代码或者上传(push)代码。但是除了向中心版本库进行的 push 和 pull 操作外，每个开发者都有可能从其他开发者那里拉取代码变更，形成子团队。这样，在两个或者更多的开发者需要协作开发一个较大的新功能特性的情况下，可以避免将个人不成熟的代码直接推向 origin。在图 4.21 中，alice 和 bob、alice 和 david、clair 和 david 分别形成了三个子团队。

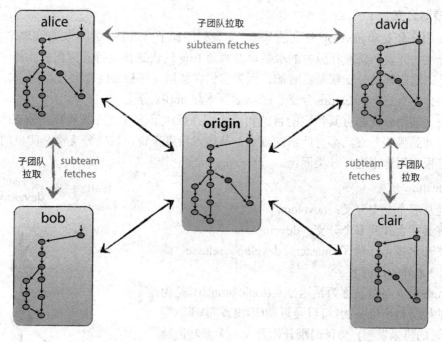

图 4.21　代码版本控制的仓库

　　从技术上讲，这不过是 alice 定义了一个 Git 远程仓库，指向了 bob 的仓库而已，反之亦然。

1. 主要分支

　　中心版本库有两个主要分支：master 分支和 develop 分支(也有人将它命名为 dev 分支)，它们贯穿于整个开发过程的始终。

　　我们把 origin/master 作为主要分支，在这个分支上，源代码的 HEAD 指针总是指向一个稳定的可发布的版本。该分支也称为"集成分支"，它是每晚自动构建的代码来源地。

　　当 develop 分支达到一个稳定待发布状态时，所有的代码变更将合并到 master 分支，并且打上发布版本号的标签(tag)。

　　因此，只要是有变化合并到 master 分支上时，就应该有一个新版本要发布。于是每当 master 分支上有一个提交(commit)，就可以用 Git 钩子(hook)脚本来执行自动构建，然后发布到生产环境上。

　　主要分支情况如图 4.22 所示。

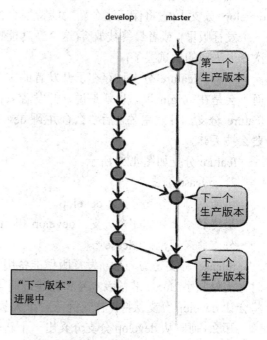

图 4.22　主要分支

2. 辅助分支

在 master 分支和 develop 分支的基础上，我们添加了一系列辅助分支来实现平行开发、新功能特性的开发、新发行版本的准备以及紧急 Bug 的快速修复等实际问题。和主要分支不同的是，这些辅助分支都是临时的，因为它们在使用完毕后最终都要被删除。

辅助分支有三个：feature 分支、release 分支和 hotfix 分支。

每一个辅助分支都有其特定的目的和用途，并且对于这些分支是从哪些分支产生的、最终将合并到哪些分支，都有严格的规定。从技术角度来说，这些分支都是简单的 Git 分支，只是根据用途来进行分类而已。

1) feature 分支

可能从哪个分支分叉：develop。

最终必须合并到哪个分支：develop。

分支命名规范：除了 master、develop、release-*或者 hotfix-*之外的任何名字。

feature 分支有时被称为话题分支(topic branch)，是为开发新功能特性所准备的，可以是近期(即将发布)或远期(较为遥远的将来发布)。当我们刚开始开发一个新功能特性时，可能并不知道这个功能特性将要放到哪一个目标发行版本里。只要这个功能特性还在开发，这个 feature 分支就会一直存在下去，直到最终开发完成被合并到 develop 分支上(它将保证这个新功能特性会被加入到下一个发行版里)，或者最终被放弃(这个新功能特性只是一次令人失望的尝试罢了)。

注意，feature 分支只存在于开发者的本地仓库里，而不会是在 origin 里。也就是说，开发者只在本地创建 feature 分支，开发完成之后要么合并到 develop 分支，要么被丢弃。

feature 分支如图 4.23 所示。

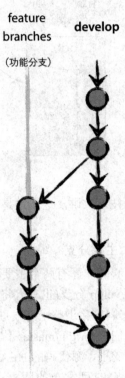

图 4.23　feature 分支

2) release 分支

可能从哪个分支分叉：develop。

最终必须合并到哪个分支：develop 和 master。

分支命名规范：release-*。

release 分支是为一个新发行版做准备用的。在这个分支上做最后的细节修饰工作，同时也为修复小 Bug、准备版本号和构建日期等留有余地。在 release 分支上完成这些工作，将会让 develop 分支保持干净，为下一个大版本开发做好准备。

那么，何时从 develop 分支分叉出一个新的 release 分支呢？建议是当 develop 分支呈现出或者近乎呈现出一个新发行版本的理想状态时。此时新发行版本所必须具备的全部功能特性都已经被合并到 develop 分支上了，而为未来发行版本准备的功能特性可能不会被合并，它们必须要等到该版本对应的 release 分支被分叉出来时再合并。

正式创建 release 分支时，将为这个发行版分配一个版本号。那时，develop 分支将继续为下一个发行版工作，只是并不清楚这"下一个发行版"最终会是 0.3 版本还是 1.0 版本，直到创建新的 release 分支时才能确定。总之，发行版本号是在创建 release 分支时开始确定的，并且会随着版本的更新贯穿项目的始终。

3）hotfix 分支

可能从哪个分支分叉：master。

最终必须合并到哪个分支：develop 或 master。

分支命名规范：hotfix-*。

在为新发行版做准备的角度上，hotfix 分支和 release 分支非常相似，只不过 hotfix 分支的出现是非计划的，临时出现的。当生产环境上的发行版不理想或者一个重要的 Bug 需要紧急修复时，我们可以从打上了对应标签的 master 分支上分叉出来一个 hotfix 分支。这个行为的本质在于当一些成员在进行 Bug 修复时，团队的其他成员基于 develop 分支的工作还可以继续，不受打扰。

hotfix 分支可以从 master 分支上创建。比如说，"1.2"版本是目前正在生产环境中的发行版，出于一个严重的 Bug 需要立刻修复。但是在 develop 分支上的变化还不是很稳定，于是我们将从 master 分支上分叉出 hotfix 分支来修复。当我们完成 Bug 修复后，这些修改需要被合并到 master 分支，同时也需要被合并到 develop 分支，因为我们需要让接下来的发行版本也包含这个 Bug 修复。这个过程和 release 分支是非常相似的，如图 4.24 所示。

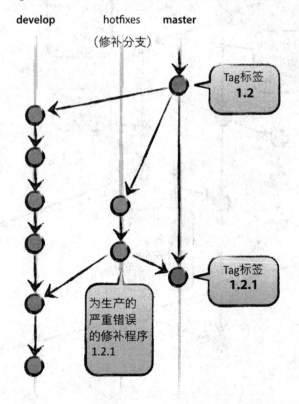

图 4.24　hotfix 分支

以上提供了一个让开发者容易理解的 Git 版本控制分支模型与发布流程。
完整的分支模型与发布流程汇总如图 4.25 所示。

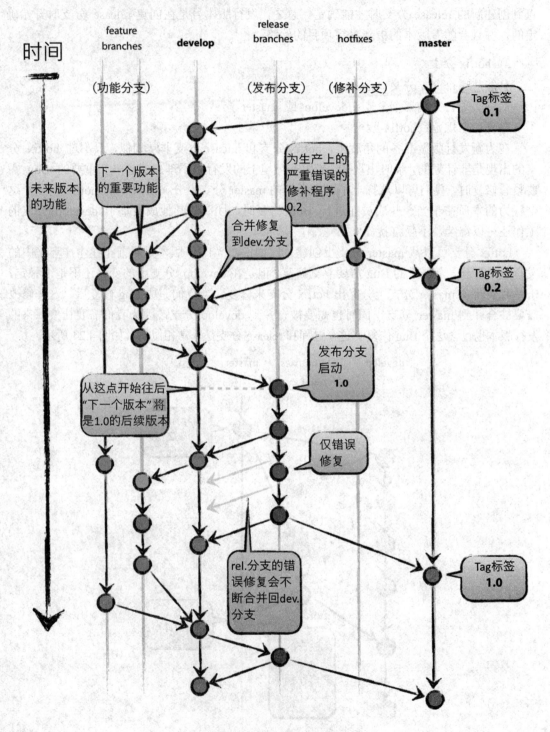

图 4.25　完整的分支模型

通常情况下：

- master 和 develop 两个分支同时存在。
- master 分支上始终是最稳定的代码(随时可以发布到生产环境)，develop 分支是正在开发的代码。
- feature 分支则是某个开发者为了自己开发的功能在本地创建的临时分支。

特殊情况下，develop 分支正在开发，如果有突发情况需要紧急修复 Bug，则可以从 master 上新开一个 hotfix 分支，改好之后再将此 hotfix 分支分别合并到其他分支。

习　题

1．集中式版本控制系统的代表产品有哪些？试举一个例子。

2．分布式版本控制系统的代表产品有哪些？试举除 Git 外的一个例子。

3．分布式版本控制系统和集中式版本控制系统相比，最突出的优点有哪些？

4．Git 版本仓库文件夹中有一个隐藏文件夹，它的名字是什么？它存放了什么信息？它的用途是什么？它是什么时候(通过什么命令)创建的？

5．Git 全局的配置文件叫什么名字？它保存在哪里？

6．对于单个具体的 Git 项目，它自有的配置文件(非全局的)叫什么名字？它保存在哪里？

7．对于微软的 Word 文档(*.doc, *.docx)的修改，Git 能否自动合并？为什么？

8．对于空文件夹，Git 能否记录入进版本仓库？对于空文件(文件大小为 0)呢？

9．采用 Git 分支模型的意义是什么？在 3～5 人的小团队中，可以不采用分支模型来开发吗？个人开发呢？

10．Git 分支模型中创建的一个持久的分支名称是什么？它的用途是什么？

11．Git 分支模型中，为什么不建议直接在 master 分支上开发？

12．Git 分支模型中，当生产环境上的旧版本 V1.0 发现一个高优先级的 Bug，并且需要发行一个补丁(hotfix)立即修复，该怎样处理？

13．Git 分支模型中，为准备下一个重大版本 V2.0 的发布，该怎样处理？

第5章　自动化测试

软件测试是发现软件错误的主要手段，通过测试可以发现软件缺陷，为软件产品的质量测量和评价提供依据。最原始的测试是人工测试，将被测试对象视为黑箱(即内部的处理过程不可见)，给定多组不同边界条件下的输入参数和预期的输出结果，与被测试对象的实际输出结果相比较，如果一致则测试通过，反之则测试不通过，从而及早发现软件缺陷并修复。

软件测试可分为单元测试、集成测试、确认测试、系统测试、配置项测试和回归测试等类别。

(1) 单元测试。单元测试也称为模块测试，测试的对象是可以独立编译的程序模块、软件构件或面向对象的类，其目的是检查每个模块能够正确实现其设计的功能、性能、接口和其他设计约束等条件。单元测试通常是由模块开发人员自己完成的，也就是说，开发人员编码实现一个功能模块，同时也完成其单元测试的编码并通过测试。由开发人员在编写功能模块具体实现代码的时候一并完成提交，它可以是白盒测试(即内部处理过程可见)，也可以是黑盒测试。这也是最基础的测试，保障基础的功能模块能够正常工作。

(2) 集成测试。所谓集成，是指将各个功能模块组装成为一个相对独立的应用程序，从整体的角度进行功能验证，看它是否达到设计目标。集成测试的目的是检查模块之间，以及模块和已集成的软件之间的接口关系，验证已集成的软件是否符合设计要求。在进行集成测试前，这些模块应该都已经通过单元测试。集成测试是黑盒测试，可以由开发人员或由专门的测试团队(有的称为 Quality Assurance 团队，或 QA 团队)完成。

(3) 确认测试。确认测试主要用于验证软件的功能、性能以及其他特性是否与用户需求一致。根据用户的参与程度不同，通常包括以下类型：内部确认测试、Alpha 和 Beta 测试、用户验收测试。其中用户验收测试是从用户角度对最终项目要交付的产品和服务进行验收测试，核对是否达到合同约定的交付参数和指标。用户验收测试更多地侧重于关注业务需求是否得到满足，并不十分关注底层技术如何实现。它通常会是甲方或甲方聘请的第三方专业测试机构来负责执行。

(4) 系统测试。系统测试的对象是完整的、集成的计算机系统，系统测试的目的是在正式生产环境下，验证完整的软件配置项能否和系统正确相连，满足系统设计文档和软件开发合同规定的要求。一般来说，系统测试的主要内容包括功能测试、健壮性测试、用户界面测试、安全性测试、安装与卸载测试等。其中，最重要的工作是进行功能测试和性能测试。功能测试主要是采用黑盒测试方法，验证特定的输入能够得到预期的输出。性能测试主要是验证软件系统在承载情况下表现出来的特性是否符合要求，主要的指标如响应时间、吞吐量、并发用户数量、资源利用率等。例如冒烟测试、可用性测试(用户体验，系统响应速度等)、失效测试(模拟部分功能发生故障后恢复的情况)、性能测试、安全测试(黑客攻击，漏洞检测)等。例如其中常见的性能测试是指在高并发、大流量、突发大负载的情况下系统的响应。根据系统反馈发现性能瓶颈，提供对硬件配比估算的计算依据。

(5) 配置项测试。配置项测试的对象是软件配置项，其目的是检验软件配置项与接口需求规格说明书的一致性。在开始配置项测试之前，除了应当满足一般测试的准入条件外，还应当让被测试软件配置项通过单元测试和集成测试。

(6) 回归测试。回归测试主要用于新版本升级，目的是测试软件变更后，变更部分的功能正确性，以及原有的正确的功能不受影响(还能正常工作)。

在软件开发的 W 模型中(W-Model)(如图 5.1 所示)，强调的是测试伴随着整个软件开发周期，测试的对象不仅仅是程序，需求、设计和文档等同样都需要测试。测试与开发是同步进行的，从而有利于尽早地发现问题。从这个角度来说，一个合格的测试人员对软件各方面把握程度应该比开发人员更高，一个测试人员要能够胜任软件开发的任何一个岗位。

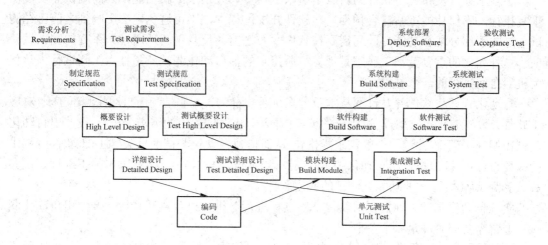

图 5.1 软件开发的 W 模型

W 模型的优点是有利于尽早全面地发现问题。例如，需求分析完成后，测试人员就应该参与到对需求文档的验证和确认活动中，以尽早地找出缺陷。同时，对需求的测试也有利于及时了解项目难度和测试风险，及早制定应对措施，这将显著减少总体测试时间，加快项目进度。

当然，W 模型也存在局限性。在 W 模型中，需求、设计、编码等活动被视为是串行的；同时，测试和开发活动也保持着一种线性的前后约束关系，上一阶段完全结束，才可正式开始下一个阶段工作。这样就无法支持迭代的开发模型。对于当前软件开发复杂多变的情况，W 模型并不能完全解决测试管理所面临的困惑。

实际工作中，软件开发公司的开发人员将会负责做单元测试(Unit Test)；集成测试(Integration Test)可能由开发人员或专门的测试团队来做(这要看公司在这块的具体安排，可能不尽相同)；测试团队将会负责系统测试(System Test)；而接收测试(Acceptance Test)通常将由甲方或甲方聘用的第三方测试机构来执行。实际软件开发过程中，常见的测试主要有单元测试、集成测试、系统测试和接收测试，如图 5.2 所示。

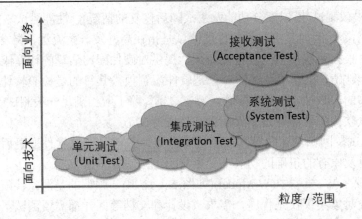

图 5.2　软件测试的象限分布

不难想象，发布一个软件的新版本引入了众多大大小小的新功能，因而测试需要多次重复执行，确保功能正常符合预期。在软件开发过程中，不可避免地会影响到之前已经测试通过的那部分现存功能，因而需要在软件发布之前，反复不断地通过一系列的测试做验证。这种固化的重复劳动工作正是计算机所擅长的，自动化测试就是把人工测试行为转化为机器自动执行的一个过程。

自动化测试与软件开发过程从本质上来讲是一样的，无非是利用自动化测试工具(对应于软件开发工具)，经过对测试需求的分析(对应于软件过程中的需求分析)，设计出自动化测试用例(对应于软件过程中的需求规格)，从而搭建自动化测试的框架(对应于软件过程中的概要设计)，设计与编写自动化脚本(对应于详细设计与编码)，测试脚本的正确性，以完成该套测试脚本(即主要功能为测试的应用软件)。

实施自动化测试之前需要对软件开发过程进行分析，以观察其是否适合使用自动化测试。通常需要同时满足以下条件：

(1) 需求变动不频繁。测试脚本的稳定性决定了自动化测试的维护成本。如果软件需求变动过于频繁，测试人员需要根据变动的需求来更新测试用例以及相关的测试脚本，而脚本的维护本身就是一个代码开发的过程，需要修改、调试，必要的时候还要修改自动化测试的框架，如果所花费的成本不低于利用其节省的测试成本，那么自动化测试便是失败的。项目中的某些模块相对稳定，而某些模块需求变动性很大。我们便可对相对稳定的模块进行自动化测试，而变动较大的仍是用手工测试。

(2) 项目周期足够长。自动化测试需求的确定、自动化测试框架的设计、测试脚本的编写与调试均需要相当长的时间来完成，这样的过程本身就是一个测试软件的开发过程，需要较长的时间来完成。如果项目的周期比较短，没有足够的时间去支持这样一个过程，那么自动化测试也没必要，手工测试或许更快捷。

(3) 自动化测试脚本可重复使用。如果费尽心思开发了一套近乎完美的自动化测试脚本，但是脚本的重复使用率很低，致使其间所耗费的成本大于所创造的经济价值，自动化测试便无法产生足够的效益。

(4) 手工测试无法完成。在手工测试工作量巨大，需要投入大量时间与人力时，需要考虑引入自动化测试或者半自动化测试，比如性能测试、配置测试、大数据量输入测试等。

如果不适合自动化，就只能用人工测试代替。在实际工作中，就可以看到在测试图形化界面时，由于不方便自动化，较大比例都是人工测试。具体情况如图 5.3 所示。

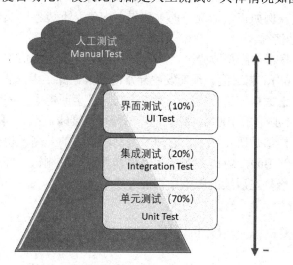

图 5.3　自动化软件测试的比例

综上所述，自动化测试的金字塔如图 5.4 所示。

自动化测试金字塔

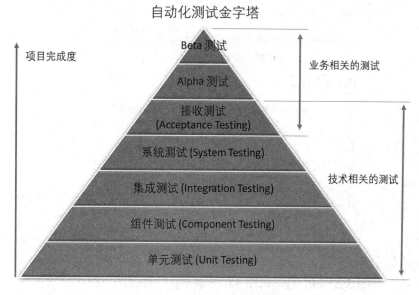

图 5.4　自动化软件测试的金字塔

其中，单元测试、组件测试、集成测试主要是以验证功能为目的，最适合自动化；而系统测试和接收测试处于模糊区间，可视情况而定。例如系统测试中的性能测试，如果频繁执行，也可以将它自动化；反之，如果只有大版本发布时执行一次(次数间隔可能按年计算)，则完全可以手动执行。

以下是来自实际工作中总结的一些建议：

(1) 开发人员负责功能模块的实现代码与对应的单元测试代码，它们必须同时提交才能算完成此项开发任务。与此同时，编码风格和注释等都应当达到质量标准，要求严格的还将经过人工的同行评审(Peer review)。

(2) 单元测试的代码量和被测模块的代码量大体相当，有时还会更多。单元测试要完备需要考虑多种情况，例如正常情况下的上边界、中值、下边界以及非正常(即发生异常，各种可能发生的错误)情况。

(3) 测试案例要考虑完备各种情况，除了预期内的典型正常值输入外，还应当包括边界值、特殊值、空(Null)、非法值、预期发生异常的值等。除了考虑正常情况下运行，还应当根据设计需求，考虑数据库连接中断、网络中断、甚至断电等意外情况。

(4) 测试覆盖率不必追求 100%，对于重点部分可以要求高些，可视实际情况而定。测试的投入如同开发一样都是研发成本，它随着测试覆盖率的升高，也会收益递减。

(5) 每次修复一个 Bug，应该在测试案例中增加对应的测试，在回归测试中执行这些测试案例，以保证此修复在后续的版本中都能够正常工作。

5.1 单元测试

我们来看一个单元测试的示例。

以下是一个 Java 的类"ArithmeticOperations.java"，执行简单的加减法操作，如图 5.5 所示。

```
ArithmeticOperations.java ⊠
 1  package math.operation;
 2
 3  public class ArithmeticOperations {
 4
 5      public Integer add(Integer a, Integer b) {
 6          return a + b;
 7      }
 8
 9      public Integer subtract(Integer a, Integer b) {
10          return a - b;
11      }
12  }
```

图 5.5　被测试的类

它对应的单元测试"ArithmeticOperationsTest.java"，仅对加法进行了测试，未对减法进行测试。基于 Junit 3 的 API 编码如图 5.6 所示。

测试覆盖率功能可通过在 Eclipse Marketplace 中的插件"Eclemma Java Code Coverage"来支持。在"Eclipse IDE for Enterprise Java Developer"集成开发环境里面，此插件已经默认安装好了，如图 5.7 所示。

例如我们用此插件来执行单元测试，左侧是 JUnit 单元测试的结果，其中仅有一个测试案例"testAdd"，绿色进度条表示测试正常通过；右边是测试覆盖率的结果，右下方可见测试覆盖率为 58.8%，右上代码可见减法(subtract)方法未被测试覆盖(代码行用红色标记)，如图 5.8 所示。

```
 1  package math.operation;
 2
 3  import junit.framework.TestCase;
 4
 6⊝ * Search and install "Eclemma Java Code Coverage" in Eclipse Market Place.⏎
19  public class ArithmeticOperationsTest extends TestCase {
20
21⊝      public void test_add() {
22          ArithmeticOperations operations = new ArithmeticOperations();
23          Integer actual = operations.add(2, 6);
24          Integer expected = 8;
25          assertEquals(expected, actual);
26      }
27  }
```

图 5.6　测试案例

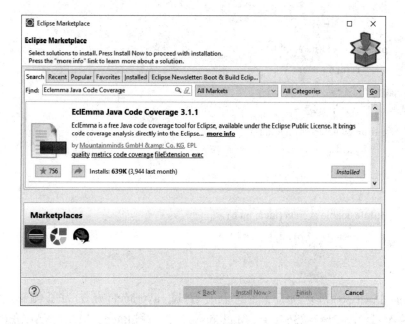

图 5.7　Eclipse 中单元测试覆盖率的插件

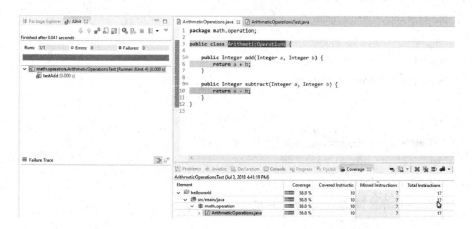

图 5.8　Eclipse 单元测试覆盖率运行结果

这便是开发中常见的单元测试，完善后即可用于自动化执行。

　　在本书配套的单元测试示例代码"UnitTestExample1"中，有一个用 Junit 3 编写的相对完整的测试样例，测试了"IntOperations.java"的静态方法和类成员方法。下面是"IntOperations.java"的第一版实现。其中静态方法是 getName()，类成员方法有 add()、subtract()和 average()。具体代码如下：

```java
package com.example.math;

public class IntOperations {
    public static final String getName() {
        return "IntOperations";
    }

    public int add(int a, int b) {
        return a + b;
    }

    public int subtract(int a, int b) {
        return a - b;
    }

    public double average(int a, int b) {
        return (a + b) / 2.0;
    }
}
```

　　它们的测试代码节选如下(注意其中测试 average()方法为了测试边界值时对 Integer.MIN_VALUE(-2147483648 = -Math.pow(2, 31))和 Integer.MAX_VALUE(2147483647 = Math.pow(2, 31)-1)的使用)：

```java
package com.example.math;

import junit.framework.Assert;
import junit.framework.TestCase;

/**
 * Unit test for IntOperations, coded in JUnit3 style.
 *
 * Integer.MIN_VALUE = -2147483648
 * Integer.MAX_VALUE = 2147483647
 */
public class IntOperationsTest extends TestCase {
```

```
/**
 * Example of testing the static method.
 */
public void test_getName() {
Assert.assertEquals("IntOperations", IntOperations.getName());
}


/**
 * Test case for average(a, b) method.
 */
public void test_average() {
        IntOperations io = new IntOperations();
        Assert.assertEquals(0.0, io.average(0, 0));
        Assert.assertEquals(2.0, io.average(1, 3));
        Assert.assertEquals(2.5, io.average(2, 3));

        Assert.assertEquals(Integer.MIN_VALUE / 2.0, io.average(Integer.MIN_VALUE, 0));
        Assert.assertEquals(Integer.MIN_VALUE / 2.0, io.average(0, Integer.MIN_VALUE));

        Assert.assertEquals(Integer.MAX_VALUE / 2.0, io.average(Integer.MAX_VALUE, 0));
        Assert.assertEquals(Integer.MAX_VALUE / 2.0, io.average(0, Integer.MAX_VALUE));

        Assert.assertEquals(Integer.MIN_VALUE   +   0.0,   io.average(Integer.MIN_VALUE,
Integer.MIN_VALUE));
        Assert.assertEquals(Integer.MAX_VALUE   +   0.0,   io.average(Integer.MAX_VALUE,
Integer.MAX_VALUE));
    }
}
```

运行上述单元测试，未通过。经调查发现，原因在于 add() 方法的第一版实现中，先将 a 和 b 求和，而输入参数 a 和 b 又同时可能是整型变量(int)最大值或最小值(代码中有对最大值和最小值具体数值的注释)，导致溢出。于是我们修改了实现代码：

```
public class IntOperations {

        public double average(int a, int b) {
                //return (a + b) / 2.0;    //may cause overflow!
                return (a / 2.0) + (b / 2.0);
        }

}
```

新版的实现代码先将两个输入参数分别除以 2.0 后再相加，这样避免了先相加导致溢出情况的发生，测试得以通过，如图 5.9 所示。

Element	Coverage	Covered Instructio...	Missed Instructions	Total Instructions
∨ 🗁 UnitTestExample1	▬▬ 100.0 %	23	0	23
∨ 🗁 src/main/java	▬▬ 100.0 %	23	0	23
∨ 🗁 com.example.math	▬▬ 100.0 %	23	0	23
∨ 📄 IntOperations.java	▬▬ 100.0 %	23	0	23
∨ ⊙ IntOperations	▬▬ 100.0 %	23	0	23
● getName()	▮ 100.0 %	2	0	2
● add(int, int)	▬ 100.0 %	4	0	4
● average(int, int)	▬▬ 100.0 %	10	0	10
● subtract(int, int)	▬ 100.0 %	4	0	4

图 5.9　Eclipse 单元测试覆盖率运行测试通过

以上案例说明，在实际开发过程中，理论上任何编写的代码都不要想当然地认为它能正常工作，一定要经过测试才能确保其正常运行。

单元测试中常用的技术还有 Mock 测试，适用于被测试代码有依赖的情况下，这在面向对象的程序设计中很常见。比如，我们的支付业务调用了第三方的支付平台，为了测试支付业务的功能正确性，必须对它进行测试，但同时不能在测试时去真正调用第三方的支付平台产生实际的支付。在这样的情况下，Mock 技术显得非常有用。

在本书配套的单元测试示例代码"UnitTestExample2"中，有一个用 Junit 4 编写的相对完整的测试样例，它使用了功能强大的第三方包 JMockit（网址是 http://jmockit.github.io/）。利用 Mock 技术的第三方包有许多，它们的技术实现不同，但理念都是相同的。本书的例子"UnitTestExample2"中选用的是 JMockit。

第三方 Mock 包的选择不是唯一的，一般认为 Mockito 比较成熟稳定，而新秀 JMockit 功能更强、更有潜力。这也是本文以 JMockit 为例的原因。请参考以下链接：

• 在 Stackoverflow 上，Mockito 被评为"Java 的最佳模拟框架"。

https://stackoverflow.com/questions/22697/whats-the-best-mock-framework-for-java

• Mockito、EasyMock、Jmockit 三者对比。

https://www.baeldung.com/mockito-vs-easymock-vs-jmockit

下面我们来看"UnitTestExample2"中的代码。

DBHelper 类是一个访问数据库的 API 集合，其中有一个函数 getUserNameById()，它根据输入的 user_id 到数据库中取出对应的用户名字。

```java
/**
 * This class is an API layer to the database.
 */
public class DBHelper {
    public String getUserNameById(String user_id) {
        String sUserName = "";

        // connect to DB and lookup the user name by given ID.
```

```
            return sUserName;
        }
    }
```

由于它依赖于底层数据库才能工作，导致所有使用 DBHelper 的上层模块的测试很麻烦。可以想象，若数据库是空的，则返回空值或错误；若对应的 user_id 变化，则返回的值又不同。

Mock 的思想是伪造一个 DBHelper 对象，让它在指定的某个或某几个 user_id 下返回某些确定的值，这样，上层依赖于此 DBHelper 对象的模块就可以测试了。

例如以下代码中的 Greeting 类，它依赖于 DBHelper，在 greetById()方法中使用了 DBHelper 中的 getUserNameById()方法，并在返回的用户名前面添加了问候语"Good day!"，从而返回了一个字符串。

```
/**
 * This Greeting class has dependency to DBHelper.
 */
public class Greeting {
    private DBHelper dbh = null;

    public Greeting(DBHelper dbh) {
        this.dbh = dbh;
    }

    public String greetById(String user_id) {
        String sUserName = dbh.getUserNameById(user_id);
        return "Good day! " + sUserName + ".";
    }
}
```

为了测试 Greeting 类，我们将它依赖的 DBHelper 对象换成一个"假的"对象，即它表面上具有 DBHelper 的接口，可供 Greeting 类调用，但内部实现却是自定义的 Mock 对象。

用 JMockit 写的测试代码如下(注意"dbh"是用 JMock 模拟的"假"对象)：

```
import org.junit.Assert;
import org.junit.Test;

import mockit.Expectations;
import mockit.Mocked;
import mockit.Verifications;

/**
 * Mocked test for Greeting class.
```

```
    */
public class GreetingTest {
    @Mocked
    DBHelper dbh;    // mock to DBHelper, no need to initialize.

    @Test
    public void test_greetById() {
        // prepare the mocked object.
        new Expectations() {{
            dbh.getUserNameById("001"); result = "Tom";
            dbh.getUserNameById("002"); result = "Mike";
            dbh.getUserNameById("003"); result = "John";
        }};

        // use the mocked object to create the testing class.
        Greeting gt = new Greeting(dbh);

        //perform the tests.
        Assert.assertEquals("Good day! Tom.", gt.greetById("001"));
        Assert.assertEquals("Good day! Mike.", gt.greetById("002"));
        Assert.assertEquals("Good day! John.", gt.greetById("003"));
        Assert.assertEquals("Good day! Mike.", gt.greetById("002"));

        // verify the mocked instance been called.
        new Verifications() {{
            gt.greetById("001"); times = 1;
            gt.greetById("002"); times = 2;
            gt.greetById("003"); times = 1;
        }};
    }
}
```

在测试案例 test_greetById()中，这个被模拟(Mock)的 DBHelper 对象 dbh 先被设置了 3 个模拟的输入参数与返回值，即让它在这几种输入参数的情况下，返回指定的返回值。然后用该 dbh 来创建我们的被测对象 Greeting 类。当然，测试将只能以上述设定的几个指定输入参数进行，测试完成后，还可以验证这个 dbh 被调用的次数。

下面我们在 Eclipse 里建立此测试的配置。对项目里的"src/test/java"点击鼠标右键，选择"Coverage As | 2 JUnit Test"菜单，如图 5.10 所示。

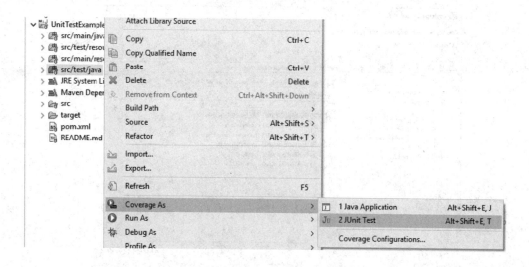

图 5.10　Eclipse 以单元测试方式运行

它将建立一个默认的"Coverage Configuration"并运行。运行后，我们再选择菜单"Run | Coverage Configurations..."，适当调整部分属性，如图 5.11 所示。

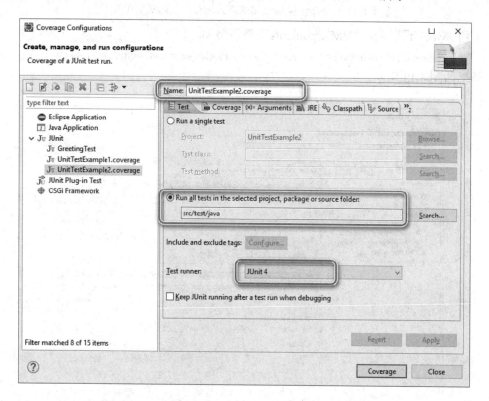

图 5.11　Eclipse 以单元测试方式运行的基本配置

我们只希望对"src/main/java"中的 Java 源程序进行覆盖率测试，如图 5.12 所示。

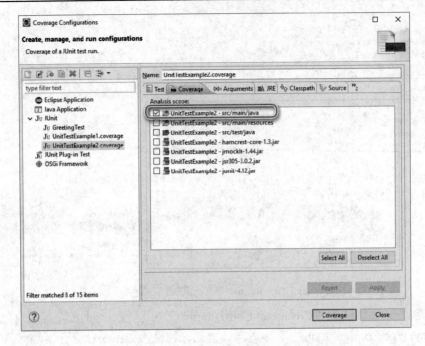

图 5.12　Eclipse 以单元测试方式运行的代码覆盖配置

使用 JMockit 需要在"VM arguments"里新增加一行参数：

javaagent:C:/Users/bobyuan/.m2/repository/org/jmockit/jmockit/1.44/jmockit-1.44.jar

结果如图 5.13 所示。

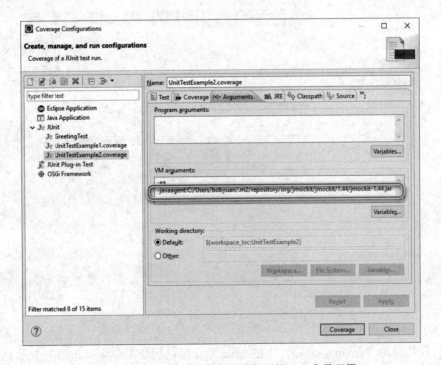

图 5.13　Eclipse 以单元测试方式运行的 VM 参数配置

需要特别注意的是，该参数必须指向本机 JMockit 的 Jar 包。读者需要根据自己机器上的文件位置情况做调整。另外，注意路径分隔符是"/"，即将 Windows 上的路径分隔符"\"更改成了 Linux 上的分隔符"/"。

我们需要检查并确保此 Jar 文件存在，否则无法运行：

C:\Users\bobyuan\.m2\repository\org\jmockit\jmockit\1.44>dir *.jar

Volume in drive C is SYSTEM

Volume Serial Number is 0009-BA81

Directory of C:\Users\bobyuan\.m2\repository\org\jmockit\jmockit\1.44

01/09/2019　08:05 PM　　　　　　437,296 jmockit-1.44-sources.jar

01/09/2019　08:05 PM　　　　　　757,982 jmockit-1.44.jar

　　　　　　2 File(s)　　1,195,278 bytes

　　　　　　0 Dir(s)　388,709,863,424 bytes free

运行后，单元测试覆盖率的显示如图 5.14 所示。我们可以看到，在并未调用真实的 DBHelper 对象的情况下(测试覆盖率为 0.0%)，已经测试了 Greeting 类(测试覆盖率为 100.0%)。

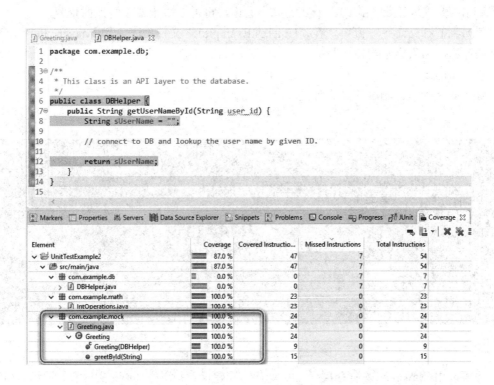

图 5.14　Eclipse 单元测试覆盖率运行结果

以上示例仅是单元测试中最基本的语句覆盖(Statement Coverage)，又称行覆盖。即通过一定数量的测试用例来保证被测方法每一行代码都会被执行一遍。

语句覆盖是最基本的覆盖方式，用得最多。其他覆盖类型还有：

• 判定覆盖/分支覆盖(Decision Coverage / Branch Coverage)。代码里每一个布尔值的判定都要跑一次真(true)和假(false)。例如，假设被测代码段有两个逻辑判断语句，判定 A：(a>1 || b ==0) 和判定 B：(a==2 || x>1)，要满足判定覆盖，只有将这两个判定 A 和判定 B 分别各取一次真假，才能满足覆盖。

• 条件覆盖(Condition Coverage)。有点类似于判定覆盖，只不过判定覆盖关注整个判定语句，而条件覆盖则关注某一个判断条件。条件覆盖要求每个判定条件的真(true)和假(false)都要覆盖到，而不仅仅是整个判定。例如，判定 A (a>1 || b ==0)，判定覆盖只要求整个判定 A 分别取一次真假即可满足，而条件覆盖则需要其中两个判断条件 (a>1) 和 (b==0) 分别各取一次真假才算满足。

• 路径覆盖(Path Coverage)。路径覆盖就是设计测试用例，覆盖所有可能执行的路径。

一般情况下，语句覆盖和判定覆盖都满足，则已经算是比较良好的单元测试了。

单元测试是开发人员的基本功，和编写业务代码一样重要。代码量越大，复杂度越高，越能体现出单元测试的重要性。单元测试保证了基本功能模块的正确性，为构建稳定可靠的商业应用打下了坚实的基础，它是不可或缺的，怎么强调其重要性都不过分。

对于 Java 项目，可用 Apache Maven 来实现标准化项目的构建，在此基础上，让构建服务器(build server)侦测到代码更新时自动执行一遍全部的自动化测试案例，从而保证这部分逻辑始终是能够正常工作的。一旦测试不通过，也可以很快发现并及时修复。

例如我们打开命令行窗口，在"UnitTestExample1"文件夹下，用 Maven 执行编译、测试的过程，结果显示构建成功。

```
mvn test
```

Maven 执行单元测试的结果如图 5.15 所示。

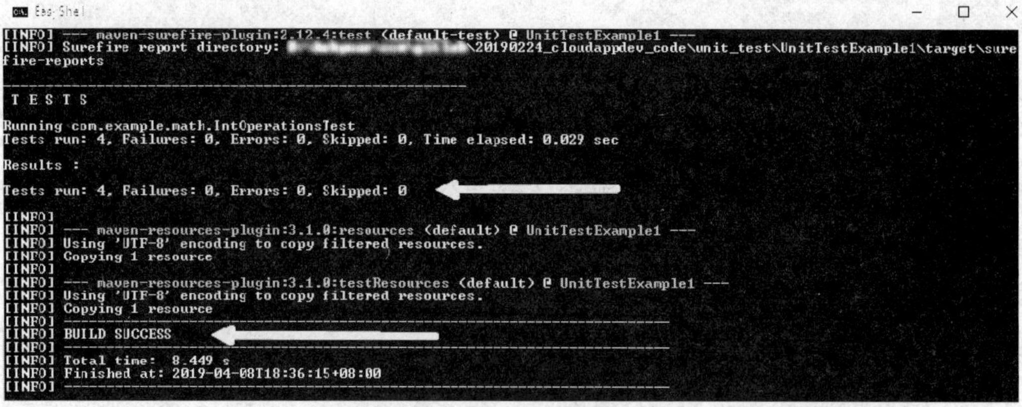

图 5.15　用 Maven 执行单元测试

还可以用 Maven 一条命令执行多个复杂的构建操作：清空 target 文件夹、编译、测试，直到生成项目的一个站点(包含多个报告，如 Javadoc 文档、单元测试覆盖率等)。

例如我们打开命令行窗口，在"UnitTestExample2"文件夹下，运行命令：

```
mvn clean site
```

输出站点的 HTML 起始页是"target/site/index.html"，我们可以双击后用浏览器打开。
生成的站点如图 5.16 所示。

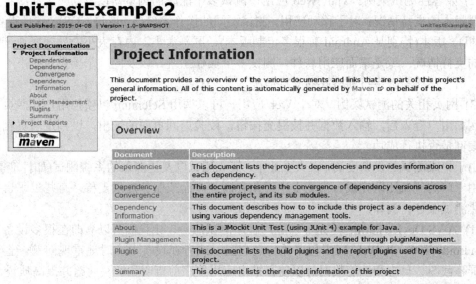

图 5.16　用 Maven 生成项目的静态网页站点

在"Project Reports"中，我们还可以看到 Cobertura 插件生成的单元测试覆盖率的报
告，如图 5.17 所示。

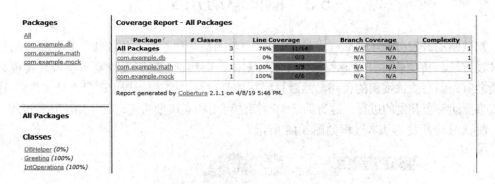

图 5.17　用 Maven 生成项目的单元测试覆盖率报告

实际工作中，单元测试是最常见、同时也是最基础的自动化测试场景。学会使用它是
非常有价值的。

5.2　集　成　测　试

以上仅介绍了最基础的单元测试，更复杂的用于集成测试方面的自动化测试还包括：

(1) 与上下游集成的测试案例。企业级应用一般都是由多个子应用程序集成的，甚至包括第三方软件或服务 API 的集成，组成一个完整的应用服务。需要模拟这些输入输出的接口，以便测试它们的联动情况。

(2) 兼容性测试案例。对于 Web 应用，测试多个品牌的浏览器以及同一个品牌下不同浏览器版本的支持情况；对于移动应用，测试不同的操作系统(Android / iOS)、硬件设备(平板/手机)、版本(特别是 Android 有很多定制版本)、屏幕大小，内存大小、处理器速度等情况下的支持情况；或是桌面应用软件，测试多个操作系统，以及同一个操作系统下不同的版本、语言环境与数字日期格式的支持情况。

(3) 网页相关的测试案例。对于 Web 应用，可以调用 Selenium 以模拟用户对网页的操作。例如用户登入后，输入数据并按提交按钮，校验返回页面的输出，以判定网页相关的测试案例是否执行成功。

由于集成测试的复杂度高，在大企业里，集成测试以及更深入的系统测试(如性能测试)一般由专门的测试团队完成。市场上也对此有商业产品或服务提供支持，有些云平台提供自动化测试服务。例如：

(1) AWS Device Farm：这是一项应用程序测试服务，让我们可以立即在很多设备上测试 Android、iOS 和 Web 应用程序并与之交互，或者在设备上实时地重现问题。查看视频、屏幕截图、日志和性能数据，以便在推出应用程序前查明和解决问题并提高质量。

(2) 阿里云测：阿里云测移动质量中心(简称 MQC)，是国内领先的真机移动测试云平台，为广大企业客户和移动开发者提供专业的移动测试解决方案。MQC 致力于打造强大、高效、便捷的综合性移动应用测试平台，全面支持移动领域四大主流平台的测试。

5.3　测试驱动开发

测试驱动开发(Test-Driven Development，TDD)是一种不同于传统软件开发流程的新型的开发方法。传统软件开发流程是先开发再测试，而测试驱动开发则要求在编写实现某个功能之前先编写测试案例的代码，然后只编写使测试通过的功能代码(即最小化实现)，通过测试来推动整个开发的进行。这有助于编写简洁可用和高质量的代码，并加速开发过程。

测试驱动开发的基本过程如图 5.18 所示。

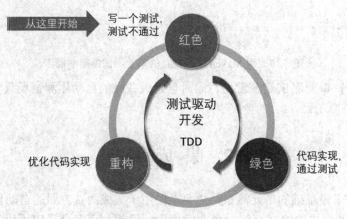

图 5.18　测试驱动开发

(1) 新增一个单元测试案例，从需求角度清晰定义待实现功能的输入参数和预期输出结果。

(2) 运行所有的单元测试(有时只需要运行一个或一部分单元测试)，发现新增的单元测试不能通过(甚至不能编译)。通常在集成开发环境上测试执行后显示红色，表示不通过。

(3) 快速编写实现代码，尽快地让单元测试可运行通过，为此可以在程序中使用一些不合情理的"快捷"实现方法。通常在集成开发环境上测试执行后显示绿色，表示通过。

(4) 代码重构(Refactoring)。在所有单元测试全部通过的前提下，优化代码的设计实现。

简单来说，测试驱动开发就是测试不通过、再测试直至通过、再重构的开发过程。测试驱动开发的特征是，测试驱动开发中需求分析和详细设计的范畴，都体现在测试案例中，并且这些测试案例已成为单元测试的一个部分。只要测试案例通过，我们就可以放心大胆地修改代码实现，而不会影响调用方的功能。测试案例还兼具文档的作用，在原开发人员离职的情形下，越发能凸显其重要性。

举个比较生动的例子做比喻。盖房子的时候，工人师傅砌墙，会先用桩子拉上线，以使砖能够垒得笔直，因为垒砖的时候都是以这根线为基准的。TDD 先写测试代码，就像工人师傅先用桩子拉上线，然后编码的时候以此为基准，只编写符合这个测试的功能代码。

然而，一个新手却可能不知道拉线，而是直接把砖往上垒，垒了一些之后再看是否笔直，这时候可能会用一根线，量一下砌好的墙是否笔直，如果不直再进行校正，敲敲打打。使用传统的软件开发过程就像这样，我们先编码，编码完成之后才写测试程序，以此检验已写的代码是否正确，如果有错误再一点点修改。

进一步学习 TDD，请参考：

(1) Test Driven Development (TDD): Example Walkthrough，是用 Java 作为例子的 TDD 文章，文中最后提到了作者编写的一本书《Test-Driven Java Development》。其中文版的书名是《Java 测试驱动开发》，有兴趣的读者可以参阅。

(2) TDD 推荐教程，包含如何快速上手 TDD 的分类教程清单。

习　题

1. 单元测试的意义是什么？为什么要强调它的重要性？

2. 单元测试为什么让开发人员来做，而不建议让其他的测试人员来做？

3. 单元测试是否必须要求 100% 的覆盖率？是否覆盖率越高越好？

4. 对于涉及图形界面的业务逻辑，因不便于自动化测试，我们该怎样充分进行单元测试呢？

5. 单元测试主要是用来进行功能正确性与否的测试，但它能否用来测试模块的性能？稳定性如何？

6. 开发人员在代码实现过程中，如何让实现代码有足够好的可测性？对于私有的方法(private)，是否需要单元测试？若需要，怎样进行单元测试？

7. 对于 3~5 人的小团队，集成测试可以让开发人员来做吗？系统测试呢？接收测试呢？

8. 在项目交付的前期，项目团队欲进行整体的性能和稳定性测试，这项工作应该由什么角色来进行，且它被称为什么测试？

9. 回归测试是什么意思？它要解决的是什么问题？怎样保证本次修复的 Bug 在今后的版本中都能正常工作？

10. 测试驱动开发为什么要先写测试案例？它的好处是什么？

11. 测试驱动开发是否也有缺点？试根据你的理解举例说明。

第 6 章　容器(Docker)

Docker 是一个开源项目，诞生于 2013 年 3 月份，最初是 dotCloud 公司内部的一个业余项目。它基于 Google 公司推出的 Go 语言实现。项目后来加入 Linux 基金会，遵从 Apache 2.0 协议。Docker 自开源后受到广泛的关注和讨论，以至于 dotCloud 公司后来都改名为 Docker Inc。Redhat 已经在其 RHEL 6.5 中支持 Docker，Google 也在其 PaaS 产品中广泛应用。

由于虚拟机存在一些缺点(后面会比较)，Linux 发展出了另一种虚拟化技术：Linux 容器(LinuX Containers，LXC)。Linux 容器不是模拟一个完整的操作系统，而是对进程进行隔离。换句话说，是在正常进程的外面套了一个保护层。对于容器里的进程来说，它接触到的各种资源都是虚拟的，从而实现与底层操作系统的隔离。

由于容器是进程级别的，因此相比虚拟机有很多优势：

(1) 启动快。容器里的应用就是底层操作系统的一个进程，而不是虚拟机内部的进程。所以，启动容器相当于启动本机的一个进程，而不是启动一个操作系统，速度就快很多。

(2) 资源占用少。容器只占用需要的资源，不占用那些没有用到的资源；虚拟机由于是完整的操作系统，不可避免要占用所有资源。另外，多个容器可以共享资源，虚拟机则是独占资源。

(3) 体积小。容器只要包含用到的组件即可，而虚拟机则是对整个操作系统打包，所以容器文件比虚拟机文件要小很多。

总之，容器有点像轻量级的虚拟机，能够提供虚拟化的环境，但是成本开销小得多。

Docker 的基础是 Linux 容器技术，在 LXC 的基础上 Docker 进行了进一步的封装，让用户不需要去关心容器的管理，使得操作更为简便。用户操作 Docker 的容器就像操作一个快速轻量级的虚拟机一样简单。它是目前最流行的 Linux 容器解决方案。

如图 6.1 所示，图例比较了 Docker 和传统虚拟化方式的不同之处，可见容器是在操作系统层面上实现虚拟化的，直接复用本地主机的操作系统，而传统方式则是在硬件层面实现的。

由图 6.2 可见，Docker 达到了类似虚拟机的效果，但是又没有虚拟机的开销。Docker 仅仅虚拟应用的运行环境。

Docker 是一款针对程序开发人员和系统管理员来开发、部署、运行应用的一款虚拟化平台。Docker 通过对应用程序的封装、分发、部署、运行等生命周期的管理，达到应用程序使用级别的"一次封装，到处运行"(build once, configure once and run anywhere)。Docker 可以让我们像使用标准集装箱一样，尽可能地屏蔽内部实现细节，从而快速地部署和集成应用，缩短软件产品从测试到正式上线的时间。

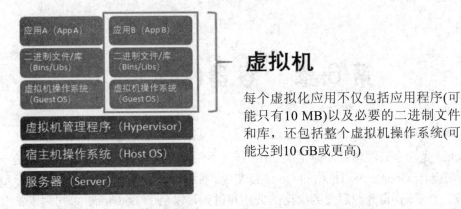

虚拟机

每个虚拟化应用不仅包括应用程序(可能只有10 MB)以及必要的二进制文件和库，还包括整个虚拟机操作系统(可能达到10 GB或更高)

图 6.1　虚拟机的架构

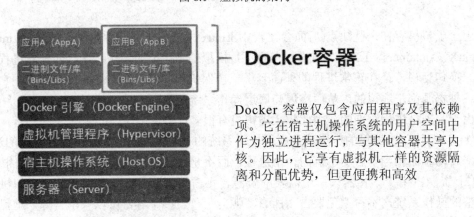

Docker容器

Docker 容器仅包含应用程序及其依赖项。它在宿主机操作系统的用户空间中作为独立进程运行，与其他容器共享内核。因此，它享有虚拟机一样的资源隔离和分配优势，但更便携和高效

图 6.2　Docker 的架构

6.1　Docker 原理

　　Docker 容器的实质就是一个虚拟环境，容器内包含单一应用程序和它所需的全部依赖环境，相当于最小化的虚拟机。它的状态不会影响到宿主机，反过来宿主机的状态也不会影响到容器。只有容器预先设置好的端口和存储卷才能与外界环境通信，除此之外，对外界而言容器就是一个黑箱，外界看不到它的内在，也不需要关心。

　　Docker 的部署较简单，容器从镜像创建，而镜像内包含所需的全部依赖环境，做到了一个镜像直接部署,不再需要修改服务器的系统配置。注意 Docker 镜像(Image)是无状态的，而容器(Container)是有状态的，容器在运行时生成的数据是被保存在容器内的，这就是说容器内的进程生成的临时文件仍然被存放在容器内，并且当整个容器被删除时也会跟着被删除。如果生成的文件包含重要资料，则需要把对应生成的目录指向宿主机目录或者数据卷容器。数据卷容器与普通容器没有区别，只不过里面不包含应用进程，只为了保存数据而存在的容器。不要在容器内保存重要数据(除已挂载的数据卷位置)，也就是说，容器的内部状态应该是不重要的，可以随时删除随时新建。不应在容器内部保存配置文件，而应将调试确认好的配置文件移出容器并妥善保存。

Docker 的每个容器只运行单一应用，完成最基本的服务，比如单纯的 MySQL 数据库服务、单纯的 Redis 缓存服务 。要实现一个产品功能，往往需要多个基本服务共同协作完成。即通常需要多个容器协同工作，才能组成一个功能完善的应用，实现产品功能。

　　Docker 的运行涉及 3 个基本组件，如图 6.3 所示。

　　(1) 一个运行 docker 命令的客户端(Docker Client)。

　　(2) 一个以容器(Docker Container)形式运行镜像(Docker Image)的主机(Docker Host)。

　　(3) 一个镜像(Docker Image)的仓库(Registry)。

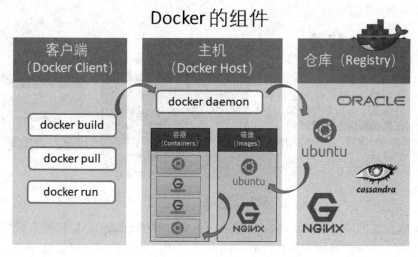

图 6.3　Docker 的组件

　　客户端(Docker Client)与主机(Docker Host)上运行的"Docker daemon"通信。客户端与主机可以运行于同一台机器上。默认的仓库(Registry)是 Docker Hub，它是一个分享和管理镜像的 SaaS 服务。可以去注册一个免费账号，免费用户只能发布公开的镜像。

　　Docker 使用以下操作系统的功能来提高容器技术效率：

　　(1) Namespaces 充当隔离的第一级。确保一个容器中运行一个进程而且不能看到或影响容器外的其他进程。

　　(2) Control Groups 是 LXC 的重要组成部分，具有资源核算与限制的关键功能。

　　(3) UnionFS 文件系统作为容器的构建块。为了支持 Docker 的轻量级以及速度快的特性，它创建了用户层。

　　利用 Docker 来运行任何应用程序，需要两个步骤：① 构建一个镜像；② 运行容器。

　　这些步骤都是通过客户端的命令执行的。客户端使用的是 Docker 二进制文件。在基础层面上，客户端告诉 Docker Daemon 需要创建的镜像以及需要在容器内运行的命令。当 Docker Daemon 接收到创建镜像的指令后，会进行如下操作：

　　(1) 构建镜像。镜像(Docker Image)是一个特殊的二进制文件，封装了内部应用程序和它运行时所依赖的全部环境(第三方库、资源、配置等)，还包含了一些为运行时准备的一些配置参数(如匿名卷、环境变量、用户等)。比如我们下载了一个 Nginx 的镜像后，这个镜像就把 Nginx 可运行的东西全包括了进去，无论是谁的电脑、什么操作系统，只要支持 Docker，就可以把这个 Nginx 的镜像下载下来，用 docker run 命令来运行它。这样，用户就不用考虑在不同的环境上安装 Nginx 以及它依赖的运行环境了。

　　镜像是一个构建容器的只读模板，它包含了容器启动所需的所有信息，包括运行程序和配置数据。每个镜像都源自于一个基本镜像(Base Image)，然后根据 Dockerfile 中的指令创建，对于每个指令，在镜像上创建一个新的层面。

　　镜像构建时，会一层层叠加，前一层是后一层的基础。每一层构建完就不会再发生改变，后一层上的任何改变只发生在自己这一层。比如，删除前一层文件的操作，实际不是真的删除前一层的文件，而是仅在当前层标记为该文件已删除，这些叠加的最后一层就是 Container，如图 6.4 所示。

Docker 镜像

- 它是只读的模板
- 用来启动容器
- 使用 UnionFS 文件系统将不同镜像合并为单个镜像
- 在基础镜像上构建新的 Docker 镜像，用指令增加新的镜像
- 指令存储在 Dockfile 文件中

图 6.4　Docker 的镜像

　　一旦镜像创建完成，就可以将它们推送到中央仓库(Registry)，以供他人使用。仓库为镜像提供了两个级别的访问权限：公有访问和私有访问。我们可以将镜像存储在公有仓库(免费)，也可以将镜像存储在私有仓库(收费，Docker Hub 官网上有私有仓库的套餐可供选择)。公有仓库是开放的，可以搜索和重复使用，而私有仓库只能给那些拥有访问权限的成员使用。

　　(2) 运行容器。我们把在第一步中创建的镜像在容器(Docker Container)上运行。当容器被启动后，一个读写层会被添加到镜像的顶层。当被分配到合适的网络和 IP 地址后，应用程序就可以在容器中正常运行了。

　　需要注意的是，Docker 将容器技术限制到只能运行单个进程。Docker 的底层镜像操作系统模版不是为运行多个应用程序(或多进程)设计的，也不是为 init、cron、syslog、ssh 等服务设计的。

　　举一个常见的应用程序例子，用 WordPress 搭建个人博客网站。我们需要建立多个容器来部署运行这个博客网站：PHP 容器、Nginx 容器和 MySQL 容器，再加上 2 个分别用来持久性存放 MySQL 数据文件和 WordPress 用户文件的容器，将 WordPress 部署到 LEMP Stack (https://lemp.io/)。为了方便管理，设置容器在本地网络间可以相互通信，既不需要对网络不定时地人工干预，也不需要 Docker 后台程序设置 IP。此外，我们还要考虑 WordPress 的定时任务(cron)和邮件任务(Email)。

　　Docker 希望我们将每个应用独立打包成一个容器，每个容器都是一个黑盒(对外界而言不可见，也不需要知道其内部的实现细节)，它们之间通过内部网络互相访问和集成。管理成千上万的复杂容器集群时要使用到 Docker Swarm 或者 Kubernetes。Docker 不推荐将多个应用打包到一个容器里面，尽管在技术上也可以实现，但还是尽量不要这样做，因为 Docker

的整个架构设计是建立在运行单个程序的容器上的。

至此，我们已经介绍了 Docker 的基本工作原理，接下来介绍如何安装。

6.2　安装 Docker

Docker 是一个开源的商业产品，有两个版本：社区版(Community Edition，CE)和企业版(Enterprise Edition，EE)。社区版是免费的，企业版包含了一些收费服务(个人开发者一般用不到)。下面的介绍仅针对社区版。

Docker 社区版的具体安装步骤如下：

首先检查目标 Ubuntu 机器是否符合 Docker CE 的最低系统需求。使用以下命令，可以方便查看 Ubuntu 的版本：

```
bobyuan@ubuntuvm1:~$ lsb_release -a
No LSB modules are available.
Distributor ID: Ubuntu
Description:      Ubuntu 18.04 LTS
Release:         18.04
Codename:          bionic


bobyuan@ubuntuvm1:~$ uname -mrs
Linux 4.15.0-23-generic x86_64
```

在上例中，可以看到 Ubuntu 的版本是"Ubuntu 18.04 LTS"，Linux 内核版本是"4.15.0-23-generic"，架构是 64 位的操作系统。

确保旧版本的 Docker 已经卸载：

```
# remove the old version of Docker installed.
sudo apt-get remove docker docker-engine docker.io
```

至此，目标机器已经满足 Docker CE 的安装要求。接下来开始正式安装 Docker CE。

(1) 首先更新系统。

```
# update the apt package list.
sudo apt-get update -y
```

(2) 安装必要的软件包。

```
# install Docker's package dependencies.
sudo apt-get install apt-transport-https ca-certificates \
curl software-properties-common
```

(3) 添加 Docker 的公钥。

```
# download and add Docker's official public PGP key.
curl -fsSL https://download.docker.com/linux/ubuntu/gpg | sudo apt-key add -
```

完成后检查一下。

```
# verify the fingerprint.
```

```
sudo apt-key fingerprint 0EBFCD88
```

屏幕的输出示例(注意"Docker"字样):

```
bobyuan@ubuntuvm1:~$ sudo apt-key fingerprint 0EBFCD88
[sudo] password for bobyuan:
pub    rsa4096 2017-02-22 [SCEA]
       9DC8 5822 9FC7 DD38 854A    E2D8 8D81 803C 0EBF CD88
uid              [ unknown] Docker Release (CE deb) <docker@docker.com>
sub    rsa4096 2017-02-22 [S]
```

(4) 选择稳定版"x86_64 / amd64"分支。

```
# add the `stable` channel's Docker upstream repository.
#
# if you want to live on the edge, you can change "stable" below to "test" or
# "nightly". I highly recommend sticking with stable!
sudo add-apt-repository \
"deb [arch=amd64] https://download.docker.com/linux/ubuntu \
$(lsb_release -cs) \
stable"
```

(5) 安装 Docker CE 软件包。

```
# update the apt package list (for the new apt repo).
sudo apt-get update -y


# install the latest version of Docker CE.
sudo apt-get install -y docker-ce
```

屏幕的输出示例(以下仅供参考,注意所使用的命令和上面的命令有些不同):

```
bobyuan@ubuntuvm1:~$ sudo -i
[sudo] password for bobyuan:


root@ubuntuvm1:~# apt-get update
Get:1 http://security.ubuntu.com/ubuntu bionic-security InRelease [83.2 kB]
Hit:2 http://archive.ubuntu.com/ubuntu bionic InRelease
Get:3 http://archive.ubuntu.com/ubuntu bionic-updates InRelease [88.7 kB]
Hit:4 https://download.docker.com/linux/ubuntu bionic InRelease
Get:5 http://archive.ubuntu.com/ubuntu bionic-backports InRelease [74.6 kB]
Get:6 http://archive.ubuntu.com/ubuntu bionic-updates/main amd64 Packages [175 kB]
Get:7 http://archive.ubuntu.com/ubuntu bionic-updates/universe amd64 Packages [113 kB]
Fetched 535 kB in 5s (98.7 kB/s)
Reading package lists... Done


root@ubuntuvm1:~# apt-get install docker-ce
```

Reading package lists... Done

Building dependency tree

Reading state information... Done

The following additional packages will be installed:

aufs-tools cgroupfs-mount libltdl7 pigz

The following NEW packages will be installed:

aufs-tools cgroupfs-mount docker-ce libltdl7 pigz

0 upgraded, 5 newly installed, 0 to remove and 0 not upgraded.

Need to get 34.1 MB of archives.

After this operation, 182 MB of additional disk space will be used.

Do you want to continue? [Y/n] y

Get:1 http://archive.ubuntu.com/ubuntu bionic/universe amd64 pigz amd64 2.4-1 [57.4 kB]

...

(6) 将当前用户(这里 $USER=bobyuan)添加到 "docker" 用户组。此用户组在安装 Docker CE 时已经被建立。

    # allow your user to access the Docker CLI without needing root access.

    sudo usermod -aG docker $USER

需要退出当前用户并重新登录以生效。检查发现 "docker" 用户组已经出现。

    groups

运行 "hello-world" 检查一下。

    docker run hello-world

屏幕的输出请注意 "Hello from Docker!" 字样，它表示 "hello-world" 已正确运行：

    bobyuan@ubuntuvm1:~$ docker run hello-world

    Hello from Docker!

    This message shows that your installation appears to be working correctly.

    To generate this message, Docker took the following steps:

     1. The Docker client contacted the Docker daemon.

     2. The Docker daemon pulled the "hello-world" image from the Docker Hub.

        (amd64)

     3. The Docker daemon created a new container from that image which runs the

        executable that produces the output you are currently reading.

     4. The Docker daemon streamed that output to the Docker client, which sent it

        to your terminal.

    To try something more ambitious, you can run an Ubuntu container with:

     $ docker run -it ubuntu bash

Share images, automate workflows, and more with a free Docker ID:

　https://hub.docker.com/

For more examples and ideas, visit:

　https://docs.docker.com/engine/userguide/

至此，Docker CE 已经安装完毕。

最后简单检查一下。

　# check the docker service status.

　systemctl status docker

屏幕输入示例：

　bobyuan@ubuntuvm1:~$ systemctl status docker

　● docker.service - Docker Application Container Engine

　　Loaded: loaded (/lib/systemd/system/docker.service; enabled; vendor preset: enabled)

　　Active: active (running) since Mon 2019-05-06 03:03:26 UTC; 40min ago

　　　Docs: https://docs.docker.com

　Main PID: 1014 (dockerd)

　　　Tasks: 8

　　CGroup: /system.slice/docker.service

　　　　　　└─1014 /usr/bin/dockerd -H fd:// --containerd=/run/containerd/containerd.sock

　　May　06　03:03:12　ubuntuvm1　dockerd[1014]:　time="2019-05-06T03:03:12.974594248Z" level=warning msg="Your kernel does not support swap memory limit"

　　May　06　03:03:12　ubuntuvm1　dockerd[1014]:　time="2019-05-06T03:03:12.974786222Z" level=warning msg="Your kernel does not support cgroup rt period"

　　....

Docker 的本地资源存放在/var/lib/docker 文件夹下，包括了容器(Containers)、镜像(Images)、卷(Volumes)等。

6.3　使用 Docker

下面将对使用 Docker 的常见命令做一简要介绍。

我们先来看一些 Docker 常见的基础命令：

　# print help information.

　docker help

　# print help information for "run" command.

　docker run --help

```
# show the Docker version information.
docker version


# display system-wide information.
docker info


# list running containers.
docker ps


# list all containers, including stopped ones.
docker ps --all
```

下面举一个简单的例子——运行 BusyBox 镜像。BusyBox 是一个最小的 Linux 系统镜像，它提供了该系统的主要功能，不包含一些与 GNU 相关的功能和选项。

我们先通过 pull 命令将这个镜像下载到本地：

```
bobyuan@ubuntuvm1:~$ docker pull busybox
Using default tag: latest
latest: Pulling from library/busybox
75a0e65efd51: Pull complete
Digest: sha256:d21b79794850b4b15d8d332b451d95351d14c951542942a816eea69c9e04b240
Status: Downloaded newer image for busybox:latest
```

在 BusyBox 里调用/bin/echo 命令输出 "Hello Docker" 字符串：

```
bobyuan@ubuntuvm1:~$ docker run busybox /bin/echo Hello Docker
Hello Docker
```

Docker 使用镜像文件生成容器实例，容器实例本身也是一个文件，称为容器文件。也就是说，一旦容器生成，就会同时存在两个文件：镜像文件和容器文件。关闭容器并不会删除容器文件，只是容器停止运行而已。

为了列出已经停止的容器，我们必须用 docker ps --all 命令：

```
# find the container, it should be stopped.
bobyuan@ubuntuvm1:~$ docker ps --all
```

CONTAINER ID	IMAGE	COMMAND	CREATED	STATUS	PORTS NAMES
efde27b6c4d5	busybox	"/bin/echo Hello Doc…"	6 seconds ago	Exited (0) 5 seconds ago	happy_bassi

终止运行的容器文件，依然会占据硬盘空间。我们可以删除这个容器，指定容器的 ID(本例中是 efde27b6c4d5，需要提供自己机器上的 ID)。注意，此处仅删除了容器，但镜像文件依然存在。

```
# remove the already stopped container by its ID.
bobyuan@ubuntuvm1:~$ docker rm efde27b6c4d5
efde27b6c4d5
```

接下来，让我们以后台进程的方式运行它。

设定一个任务"sample_job"，它是在 BusyBox 上执行一小段 Shell 脚本。此 Shell 脚本是一个无限循环，每秒在屏幕上打印输出一个"Docker"字符串。

```
sample_job=$(docker run -d busybox /bin/sh -c "while true; do echo Docker; sleep 1; done")
```

使用"docker logs"命令可以查看输出的结果。如果没有给这个 job 起名字，那么这个 job 就会被分配一个 id。

```
bobyuan@ubuntuvm1:~$ sample_job=$(docker run -d busybox /bin/sh -c "while true; do echo
Docker; slccp 1; done")


bobyuan@ubuntuvm1:~$ docker logs $sample_job
Docker
Docker
Docker
....
```

停止名为 sample_job 的容器：

```
bobyuan@ubuntuvm1:~$ docker stop $sample_job
47247fc0e3d5c0c041ac28e1b5efad56594c5c5709c2537307221bbaa7b919d1
```

重新启动该容器：

```
bobyuan@ubuntuvm1:~$ docker restart $sample_job
47247fc0e3d5c0c041ac28e1b5efad56594c5c5709c2537307221bbaa7b919d1
```

如果想要删除该容器，需要先将容器停止，然后删除：

```
bobyuan@ubuntuvm1:~$ docker stop $sample_job
47247fc0e3d5c0c041ac28e1b5efad56594c5c5709c2537307221bbaa7b919d1


bobyuan@ubuntuvm1:~$ docker rm $sample_job
47247fc0e3d5c0c041ac28e1b5efad56594c5c5709c2537307221bbaa7b919d1
```

我们再看一个例子。创建一个守护态的 Docker 容器，运行最新的 Ubuntu。注意参数 -itd，它是 --interactive --tty --detach 三个选项的最简缩写形式，也可以分开写作 -i -t -d。

```
bobyuan@ubuntuvm1:~$ docker run -itd ubuntu /bin/bash
Unable to find image 'ubuntu:latest' locally
latest: Pulling from library/ubuntu
7996ebd2246a: Pull complete
de532f9a4f9f: Pull complete
7de2709b2a83: Pull complete
70b6ac64a142: Pull complete
23caf550e032: Pull complete
Digest: sha256:30e04ddada6eb09c12330c7df72cad1573916c7100168c34076808169ff6d805
Status: Downloaded newer image for ubuntu:latest
7b549cdc2c3cb5c420a269e3cc2baf4e3d92dd3a0be55599a049385a3c77b691
```

使用 docker ps 查看到该容器信息，找到其"CONTAINER ID"：

```
bobyuan@ubuntuvm1:~$ docker ps
CONTAINER ID         IMAGE         COMMAND         CREATED         STATUS         PORTS
NAMES
    7b549cdc2c3c          ubuntu              "/bin/bash"         21  minutes  ago          Up 21
minutes          nostalgic_keldysh
```

接下来使用 docker attach 命令进入该容器，查看一下环境，最后退出：

```
bobyuan@ubuntuvm1:~$ docker attach 7b549cdc2c3c

root@7b549cdc2c3c:/# hostname
7b549cdc2c3c

root@7b549cdc2c3c:/# whoami
root

root@7b549cdc2c3c:/# uname -a
Linux 7b549cdc2c3c 4.15.0-23-generic #25-Ubuntu SMP Wed May 23 18:02:16 UTC 2018 x86_64
x86_64 x86_64 GNU/Linux

root@7b549cdc2c3c:/# exit
exit

bobyuan@ubuntuvm1:~$
```

再次查看一下容器列表，可见该容器已经退出。如果用 --all 参数列举全部的容器，就可以找到它。

```
bobyuan@ubuntuvm1:~$ docker ps
CONTAINER ID         IMAGE         COMMAND         CREATED         STATUS
PORTS         NAMES

bobyuan@ubuntuvm1:~$ docker ps --all
CONTAINER ID         IMAGE         COMMAND         CREATED         STATUS
PORTS            NAMES
    7b549cdc2c3c          ubuntu              "/bin/bash"         26 minutes ago         Exited (0) 45
seconds ago          nostalgic_keldysh
```

使用 docker rm 命令将已经停止的容器删除：

```
bobyuan@ubuntuvm1:~$ docker rm 7b549cdc2c3c
7b549cdc2c3c
```

再次用 docker ps --all 查看清单，可见此容器已经找不到了。

另外，查看所有本地已下载的镜像清单，可用如下命令：

```
bobyuan@ubuntuvm1:~$ docker images -a
```

REPOSITORY	TAG	IMAGE ID	CREATED	SIZE
ubuntu	latest	74f8760a2a8b	6 days ago	82.4MB
busybox	latest	22c2dd5ee85d	6 days ago	1.16MB
hello-world	latest	e38bc07ac18e	3 months ago	1.85kB

下面列举一些其他常用 Docker 命令。

(1) 如果要运行一个已经停止的容器，则用如下命令：

```
# start the already stopped container, attach and interactive.
docker start -ai <container>
```

(2) 如果要进入一个正在运行的容器，则用如下命令：

```
# launch the Bash shell into the container.
docker exec -it <container> /bin/bash
```

(3) 如果要查看运行的容器里的进程信息，则用如下命令：

```
# display the running processes of a container
docker top <container>
```

(4) 如果要杀死当前正在运行的容器，对于那些不会自动终止的容器，则可以使用 kill 命令手动终止：

```
# kill specified container.
docker kill <container>


# kill all running containers.
docker kill $(docker ps -q)
```

(5) 如果要删除容器(注意：必须先停止后再删除)，则用如下命令：

```
# remove specified container.
docker rm <container>


# remove all running containers (kill before remove).
docker rm $(docker ps -a -q)
```

(6) 如果要删除本地镜像，则用如下命令：

```
# remove specified image.
docker rmi <image>


# remove all existing images.
docker rmi $(docker images -a -q)
```

前面已经说过，镜像(Docker Image)是存储在仓库(Docker Registry)里。因此，查找镜像可以使用以下命令：

```
docker search <image-name>
```

查看镜像的历史版本，可以执行以下命令：

```
docker history <image_name>
```

使用 push 命令将镜像上传到仓库(Docker registry)，可以执行以下命令：

```
docker push <image_name>
```

需要注意的是，为了隔离，我们应该使用(user)/(repo_name)格式来命名存储的镜像。

6.4　运行 Docker

下面我们在虚拟机"ubuntuvm1"的 Docker 容器里运行 CounterWebApp 应用程序。

先登录虚拟机，将代码从 GitLab 代码库克隆到本地并打包，生成"CounterWebApp.war"文件：

```
# login "ubuntuvm1" VM as bobyuan.
cd ~


# git clone the CounterWebApp.
mkdir -p scm/gitlab
cd scm/gitlab


git clone https://gitlab.com/bobyuan/20190224_cloudappdev_code.git
cd 20190224_cloudappdev_code/spring_maven_webapp/CounterWebApp


# build the release package
mvn package
```

运行 Docker 命令，以 tomcat 镜像为模板运行一个指定名称为"tomcatserver"的容器，并配置了虚拟机"ubuntuvm1"的 80 端口到容器内 8080 端口的端口映射。注意，如果"tomcatserver"容器已经存在了，则运行下面部分被注释了的 docker start 命令。

```
# download and run "tomcatserver" container (Apache Tomcat/8.5.32).
docker run -it --name tomcatserver -p 80:8080 tomcat /bin/bash


# Note: in case you have the container existed, just start it as below.
# docker start -ai tomcatserver
```

运行上述命令后，我们将进入容器内。可以在 Shell 的提示符上看到，自己是 root 用户，而主机名变成了一串数字，这串数字实际上是此容器的 Container ID。

我们在 Container 里执行下面的命令，启动 Tomcat 服务。启动后，屏幕将输出很多日志信息后停止，它其实是 Tomcat 服务的屏幕输出。

```
# start Tomcat server ($CATALINA_HOME=/usr/local/tomcat)
cd $CATALINA_HOME/bin
./catalina.sh run


# we can now access the Tomcat server via link:  http://<ubuntuvm1>:80
# press Ctrl+C to stop Tomcat server.
```

屏幕输出示例如下(在最后 3 行，它显示容器内的 Tomcat 服务侦听于 8080 端口，即 "http-nio-8080")：

.....

23-Apr-2019　02:35:16.634　INFO　[main]　org.apache.coyote.AbstractProtocol.start　Starting ProtocolHandler ["http-nio-8080"]

23-Apr-2019　02:35:16.668　INFO　[main]　org.apache.coyote.AbstractProtocol.start　Starting ProtocolHandler ["ajp-nio-8009"]

23-Apr-2019 02:35:16.689 INFO [main] org.apache.catalina.startup.Catalina.start Server startup in 1725 ms

我们需要另外启动一个 SSH 客户端，用同样的用户登入虚拟机"ubuntuvm1"，将 "CounterWebApp.war"复制到"tomcatserver"容器里指定位置(即"webapps"文件夹)。 运行这样的一条 Docker 复制命令：

```
# change directory to CounterWebApp project home.
cd scm/gitlab
cd 20190224_cloudappdev_code/spring_maven_webapp/CounterWebApp

# check the "war" file exists.
ls -l target/CounterWebApp.war

# copy the "war" file to Tomcat in the Container.
docker cp target/CounterWebApp.war tomcatserver:/usr/local/tomcat/webapps/
```

容器内的 Tomcat 侦一旦测到"webapps"里出现新的"war"文件，便会自动部署它。 我们可以在屏幕输出上看到包含"CounterWebApp"的日志输出。

屏幕输出示例如下：

.....

23-Apr-2019　02:45:29.783　INFO　[localhost-startStop-2]　org.apache.catalina.startup. HostConfig.deployWAR　Deployment　of　web　application　archive　[/usr/local/tomcat/ webapps/CounterWebApp.war] has finished in[2,994] ms

至此，我们可以在虚拟机的 Windows 宿主机上打开浏览器，输入虚拟机的 IP 地址(如 下例是 192.168.42.61)，它将通过虚拟机的 80 端口映射到 Docker 容器内 Tomcat 服务侦听 的 8080 端口。于是，我们可以通过下面的链接访问 CounterWebApp 应用： http://192.168.42.61/CounterWebApp。

以上便是通过浏览器，访问容器内 Tomcat 服务，运行 CounterWebApp 应用的例子， 如图 6.5 所示。

实验成功。下面我们来关闭容器里面的 Tomcat 服务。我们回到容器运行的命令行窗口， 按"Ctrl+C"中止 Tomcat 服务进程，然后运行 exit 命令退出容器。

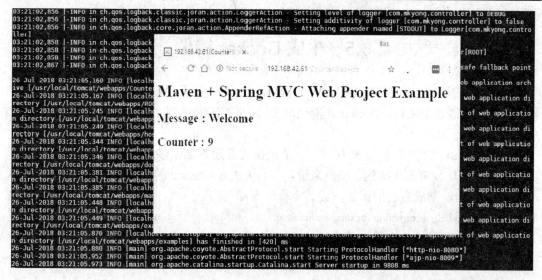

图 6.5　Docker 中运行 CounterWebApp 应用程序

屏幕输出示例如下：

....

23-Apr-2019　02:52:53.678　INFO　[Thread-5]　org.apache.coyote.AbstractProtocol.pause　Pausing ProtocolHandler ["http-nio-8080"]

23-Apr-2019　02:52:53.693　INFO　[Thread-5]　org.apache.coyote.AbstractProtocol.pause　Pausing ProtocolHandler ["ajp-nio-8009"]

23-Apr-2019　02:52:53.695　INFO　[Thread-5]　org.apache.catalina.core.StandardService.stopInternal Stopping service [Catalina]

23-Apr-2019　02:52:53.768　INFO　[Thread-5]　org.apache.coyote.AbstractProtocol.stop　Stopping ProtocolHandler ["http-nio-8080"]

23-Apr-2019　02:52:53.770　INFO　[Thread-5]　org.apache.coyote.AbstractProtocol.stop　Stopping ProtocolHandler ["ajp-nio-8009"]

23-Apr-2019 02:52:53.771 INFO [Thread-5] org.apache.coyote.AbstractProtocol.destroy Destroying ProtocolHandler ["http-nio-8080"]

23-Apr-2019 02:52:53.772 INFO [Thread-5] org.apache.coyote.AbstractProtocol.destroy Destroying ProtocolHandler ["ajp-nio-8009"]

root@318d549ea0e9:/usr/local/tomcat/bin# exit

exit

bobyuan@ubuntuvm1:~$

在"ubuntuvm1"虚拟机内用 docker ps 来检查，此容器已经不出现在列表中了，它意味着此容器已经退出了。我们还可以在 docker ps --all 命令中看到它。

6.5　生成 Docker 镜像

Docker 把应用程序及其依赖打包在镜像(Image)文件里面。镜像文件可以看作是容器的模板。只有通过这个文件，Docker 才能生成 Docker 容器的实例。同一个镜像文件，可以生成多个同时运行的容器实例。

镜像是二进制文件。实际开发中，一个镜像文件通常都是以另一个镜像文件为基础，加上一些个性化设置而生成的。举例来说，我们可以在 Ubuntu 的镜像文件的基础上，加入 Apache 服务器，制成自己的镜像。具体命令如下：

```
# print help information for image command.
docker image --help


# list images
docker image ls


# remove one or more images
docker image rm <image-name>
```

镜像文件是通用的，将镜像文件从一台机器拷贝到另一台机器时，仍然可以使用。一般情况下，为了节省时间，我们应尽量使用别人制作好的镜像文件。即使要定制，也应基于别人的镜像文件进行加工，而不是从零开始制作。

Docker 为我们提供了 Dockerfile 来定制镜像。它是一个文本文件，包含创建镜像所需要的全部指令。Docker 根据 Dockerfile 文件生成二进制的镜像文件。基于在 Dockerfile 中的指令，我们可以使用"docker build"命令来创建镜像。例如可以包含我们自己开发的应用程序，然后将生成的镜像用于部署。

Dockerfile 支持的语法命令格式如下：

```
INSTRUCTION argument
```

指令不区分大小写，但是命名约定为全部大写。

所有 Dockerfile 都必须以 FROM 命令开始。FROM 命令会指定镜像基于哪个基础镜像创建，接下来的命令也会基于这个基础镜像(注意，CentOS 和 Ubuntu 有些命令是不同的)。FROM 命令可以多次使用，表示会创建多个镜像。具体语法如下：

```
FROM <image name>
```

例如：

```
FROM ubuntu
```

上面的指令告诉我们，新的镜像将基于 Ubuntu 的镜像来构建。

继 FROM 命令，Dockefile 还提供了一些其他的命令以实现自动化。在文本文件或 Dockerfile 文件中这些命令的顺序就是它们被执行的顺序。

让我们先简单了解一下这些命令。

(1) MAINTAINER：设置该镜像的作者。语法如下：

MAINTAINER <author name>

(2) RUN：在 shell 或者 exec 的环境下执行的命令。RUN 指令会在新创建的镜像上添加新的层面，接下来提交的结果用在 Dockerfile 的下一条指令中。语法如下：

RUN <command>

(3) ADD：复制文件指令。它有两个参数 source 和 destination。其中 destination 是容器内的路径。source 可以是 URL 或者是启动配置上下文中的一个文件。语法如下：

ADD <source> <destination>

(4) CMD：提供了容器默认的执行命令。Dockerfile 只允许使用一次 CMD 指令。使用多个 CMD 会抵消之前所有的指令，只有最后一个指令生效。 CMD 有三种形式：

CMD ["executable","param1","param2"]

CMD ["param1","param2"]

CMD command param1 param2

(5) EXPOSE：指定容器在运行时监听的端口。语法如下：

EXPOSE <port>;

(6) ENTRYPOINT：给容器配置一个可执行的命令，这意味着在每次使用镜像创建容器时一个特定的应用程序可以被设置为默认程序。同时也意味着该镜像每次被调用时仅能运行指定的应用。类似于 CMD，Docker 只允许一个 ENTRYPOINT，多个 ENTRYPOINT 会抵消之前所有的指令，只执行最后的 ENTRYPOINT 指令。语法如下：

ENTRYPOINT ["executable", "param1","param2"]

ENTRYPOINT command param1 param2

(7) WORKDIR：指定 RUN、CMD 与 ENTRYPOINT 命令的工作目录。语法如下：

WORKDIR /path/to/workdir

(8) ENV：设置环境变量。它们使用键值对，增加运行程序的灵活性。语法如下：

ENV <key> <value>

(9) USER：镜像正在运行时设置一个 UID。语法如下：

USER <uid>

(10) VOLUME：授权访问从容器内到主机上的目录。语法如下：

VOLUME ["/data"]

与使用的其他任何应用程序一样，总会有可以遵循的最佳实践。这里我们可以阅读更多有关 Dockerfile 的最佳实践：

http://crosbymichael.com/dockerfile-best-practices.html

下面列出基本的 Dockerfile 最佳实践：

(1) 保持常见的指令像 MAINTAINER 以及从上至下更新 Dockerfile 命令；

(2) 当构建镜像时使用可理解的标签，以便更好地管理镜像；

(3) 避免在 Dockerfile 中映射公有端口；

(4) CMD 与 ENTRYPOINT 命令请使用数组语法。

下面让我们为 CounterWebApp 来建立一个镜像。

先生成一个 Dockerfile，此文件在 "CounterWebApp" 项目文件的根路径上。内容如下：

FROM tomcat

MAINTAINER bobyuan

ENV CATALINA_HOME /usr/local/tomcat
ENV PATH $CATALINA_HOME/bin:$PATH
WORKDIR $CATALINA_HOME

 # Tomcat will extract war copied to webapps directory.
COPY ["./target/CounterWebApp.war", "/usr/local/tomcat/webapps/CounterWebApp.war"]

CMD ["catalina.sh", "run"]

运行命令来创建标签为"counterwebapp"的镜像(注意，标签的名称必须全部小写)。最后的那个点表示 Dockerfile 文件所在的路径，因为是当前路径，所以是一个点。

docker build --tag counterwebapp .

屏幕输出如下例：

bobyuan@ubuntuvm1:~/scm/gitlab/20190224_cloudappdev_code/spring_maven_webapp/CounterWebApp$ docker build --tag counterwebapp .

Sending build context to Docker daemon   11.53MB

Step 1/7 : FROM tomcat

---> 2d43521f2b1a

Step 2/7 : MAINTAINER bobyuan

---> Running in bdc0206ec27e

Removing intermediate container bdc0206ec27e

---> 0b80df41ac66

Step 3/7 : ENV CATALINA_HOME /usr/local/tomcat

---> Running in 3a7583a0d74c

Removing intermediate container 3a7583a0d74c

---> 19662ffef3c0

Step 4/7 : ENV PATH $CATALINA_HOME/bin:$PATH

---> Running in 23b4a154287a

Removing intermediate container 23b4a154287a

---> 2c7ac66eac03

Step 5/7 : WORKDIR $CATALINA_HOME

---> Running in 55e61646eebd

Removing intermediate container 55e61646eebd

---> b7ca6f9db8c1

Step 6/7 : COPY ["./target/CounterWebApp.war", "/usr/local/tomcat/webapps/CounterWebApp.war"]

---> 33cb72c98e45

Step 7/7 : CMD ["catalina.sh", "run"]

---> Running in ebb1eb750ff4

Removing intermediate container ebb1eb750ff4

```
---> 33e5d44d82f6
```
Successfully built 33e5d44d82f6

Successfully tagged counterwebapp:latest

运行成功，即可查看新生成的镜像文件 counterwebapp，包括：

bobyuan@ubuntuvm1:~/scm/gitlab/20190224_cloudappdev_code/spring_maven_webapp/CounterWe
bApp$ docker image ls -a

REPOSITORY	TAG	IMAGE ID	CREATED	SIZE
counterwebapp	latest	33e5d44d82f6	20 seconds ago	468MB
<none>	<none>	2c7ac66eac03	21 seconds ago	463MB
<none>	<none>	b7ca6f9db8c1	21 seconds ago	463MB
<none>	<none>	33cb72c98e45	21 seconds ago	468MB
<none>	<none>	19662ffef3c0	22 seconds ago	463MB
<none>	<none>	0b80df41ac66	22 seconds ago	463MB
tomcat	latest	2d43521f2b1a	2 weeks ago	463MB
ubuntu	latest	74f8760a2a8b	2 weeks ago	82.4MB
busybox	latest	22c2dd5ee85d	2 weeks ago	1.16MB
hello-world	latest	e38bc07ac18e	3 months ago	1.85kB

我们可以看到，第一行就是新生成的标签为“counterwebapp”的镜像，它的 IMAGE ID 是“33e5d44d82f6”。后面我们用标签名来引用这个镜像，比用 IMAGE ID 来得直观些。

注意，如果我们对这一步骤中生成的镜像不满意，可用下面的命令删除：

docker image rm 33e5d44d82f6

作为测试，接下来我们运行一下这个镜像。命令如下：

docker run -it --rm -p 80:8080 counterwebapp

上述命令中的各个参数含义如下：

-p 参数：容器的 80 端口映射到本机的 8080 端口。

-it 参数：容器的 Shell 映射到当前的 Shell，然后你在本机窗口输入的命令，就会传入容器。

counterwebapp：镜像文件的标签(如果有版本，还需要提供版本，用冒号隔开，默认是 latest 版本)。

打开浏览器，输入虚拟机“ubuntuvm1”的 IP 地址(192.168.42.61)，补全 CounterWebApp 的 URL 进行测试，可见它已经正常运行，如图 6.6 所示。

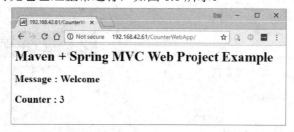

图 6.6 Docker 中运行自制的镜像

我们可以将 Docker 镜像保存至本地文件。例如，将 counterwebapp 镜像保存至本地文件“counterwebapp.tar”，命令如下：

```
# list local docker images.
docker image ls


# save a docker image to a file.
mkdir -p ~/docker_images
docker save counterwebapp -o ~/docker_images/counterwebapp.tar
```

保存成功后，我们试试先删除本地 counterwebapp 镜像。再次查看 Docker 镜像清单时，应该可以看到 counterwebapp 镜像已经不存在了。

```
# remove a local docker image counterwebapp.
docker image rm counterwebapp


# list local docker images, the counterwebapp image should be gone.
docker image ls
```

为了恢复这个 Docker 镜像，我们再将它从之前保存的"counterwebapp.tar"文件装载进去。

```
# load a docker image from a file.
docker load -i ~/docker_images/counterwebapp.tar
```

装载成功后，查看一下本地 Docker 镜像清单。应该可以看到 counterwebapp 镜像又出现了。

```
# list local docker images, the counterwebapp image should exist.
docker image ls
```

试运行一下刚才通过文件装载的"counterwebapp"镜像，它可以和之前一样运行。

```
# test run the loaded docker image.
docker run -it --rm -p 80:8080 counterwebapp
```

我们生成的应用程序镜像经严格测试无误后，就可以上传到正式的仓库(Repository)里，这里选择 Docker Hub，便于交付用于生产环境的部署了。

先创建一个公开的仓库，命名为 counterwebapp，即以应用程序的镜像名称来命名，如图 6.7 所示。

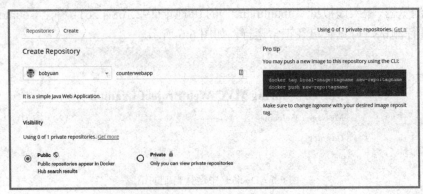

图 6.7　在 Docker Hub 中创建一个公开的仓库

列举本地镜像，我们可以看到 counterwebapp，它默认的标签是默认的 latest。

```
bobyuan@ubuntuvm1:~$ docker image ls
REPOSITORY          TAG          IMAGE ID          CREATED          SIZE
counterwebapp       latest       33e5d44d82f6      8 months ago     468MB
....
```

下面我们把本地的"counterwebapp:latest"镜像打上标签"bobyuan/ counterwebapp:latest"，它意味着把这个本地镜像加入到用户 bobyuan 的 counterwebapp 仓库里，然后我们再将它推送(push)到远程仓库里。

```
# To push a repository to the Docker Hub, you must name your local image
# using your Docker Hub username, and the repository name that you created
# through Docker Hub on the web.
#
# You can add multiple images to a repository, by adding a specific :<tag>
# to it (for example docs/base:testing). If it's not specified, the tag

# defaults to latest.
#
# You can name your local images either when you build it, using
#    docker build -t <hub-user>/<repo-name>[:<tag>]
# , by re-tagging an existing local image
#    docker tag <existing-image> <hub-user>/<repo-name>[:<tag>]
# , or by using
#   docker commit <existing-container> <hub-user>/<repo-name>[:<tag>]
# to commit changes.
#
# Now you can push this repository to the registry designated by its name or tag.
#    docker push <hub-user>/<repo-name>:<tag>
#
# The image is then uploaded and available for use by your teammates and/or the community.

# re-tagging an existing local image.
docker tag counterwebapp:latest bobyuan/counterwebapp:latest

# push this repository to the registry designated by its name or tag.
docker push bobyuan/counterwebapp:latest
```

屏幕输出示例：

```
bobyuan@ubuntuvm1:~$ docker tag counterwebapp:latest bobyuan/counterwebapp:latest
bobyuan@ubuntuvm1:~$ docker push bobyuan/counterwebapp:latest
The push refers to repository [docker.io/bobyuan/counterwebapp]
```

```
223ed7da4d82: Pushed
9072c7b03a1b: Pushed
f9701cf47c58: Pushed
365c8156ff79: Pushed
2de08d97c2ed: Pushed
6b09c39b2b33: Pushed
4172ffa172a6: Pushed
1dccf0da88f3: Pushed
d2070b14033b: Pushed
63dcf81c7ca7: Pushed
ce6466f43b11: Pushed
719d45669b35: Pushed
3b10514a95be: Pushed
latest: digest: sha256:89350f139382ce6f98f0415d476f2950acafe26e0ad7bbeb33d33ae5830b4918
size: 3047
```

操作成功后，我们查看一下镜像列表。可以看见"bobyuan/counterwebapp"出现在清单里，它们共用同样的 Image ID：33e5d44d82f6。

```
bobyuan@ubuntuvm1:~$ docker image ls
REPOSITORY                TAG       IMAGE ID       CREATED        SIZE
bobyuan/counterwebapp     latest    33e5d44d82f6   8 months ago   468MB
counterwebapp             latest    33e5d44d82f6   8 months ago   468MB
....
```

在 Docker Hub 的网页上，也可以看到刚刚上传的镜像，如图 6.8 所示。

图 6.8　上传镜像到公开的仓库中

在需要部署的环境下，我们可以把这个镜像拉取(pull)到本地，再运行。命令如下：

　　　docker pull bobyuan/counterwebapp

通常国内的网络速度不理想，容易发生超时错误，影响工作效率。因此，企业可以考虑自建 Docker Repository，同时也方便部署私有(闭源)的应用程序。

习　题

1．Docker 和虚拟机的异同是什么？

2．运维工作人员在采用 Docker 进行应用部署的前后，工作内容的对比是什么？

3．Docker 的镜像(Image)和容器(Container)的区别是什么？

4．如何搜索远程镜像？如何查看(列举)本机的镜像？

5．怎样删除一个本地镜像？怎样导出和导入一个本地镜像？

6．如何查看(列举)本机运行中的容器？如何查看全部容器(包括已经停止运行的)？怎样停止一个容器？怎样删除一个容器？

7．Dockerfile 文本文件的作用是什么？它应该放在哪个文件夹下？它怎样使用？

8．Docker 为什么不适合用来做 SSH 类似的服务？

9．要使用 Docker 来进行应用部署，应该经历的 2 个大步骤是什么？

10．将一个有后端 MySQL 数据库的 Java Web 应用程序用 Docker 来部署，应该怎样规划？运行几个 Docker 容器呢？

第7章 持续集成/持续交付/持续部署

持续集成(Continuous Integration)、持续交付(Continuous Delivery)和持续部署(Continuous Deployment)这三个概念的作用范围不同，但背后的理念是一致的。即提前发现系统问题，提前暴露问题，这比在开发后期发现问题处理的成本低很多。

(1) 持续集成是指开发者在代码开发过程中，可以频繁地将代码部署集成到主干，并执行自动化测试。

(2) 持续交付是指在持续集成的基础之上，将代码部署到预生产环境的过程自动化。

(3) 持续部署是指在持续交付的基础之上，把代码部署到最终生产环境(上线)的过程自动化。

由此可见，它们是渐进式的，如图7.1所示。

图 7.1　持续集成/持续交付/持续部署

我们可以自建持续集成或持续部署环境，也可以根据实际需求，租用市场上的云平台来实现。

GitLab 已经提供了 CI/CD 的功能，另外，市场上专用于提供持续部署的云服务平台还有 CodeShip 和 Wercker。

个人小项目要快速搭建持续集成或持续部署环境，Codeship 是个不错的选择。中小团队项目使用 Docker 构建，则可以考虑 Wercker。

7.1　持　续　集　成

持续集成是一种软件开发实践，即团队协作开发的软件代码每天至少集成一次或多次。每次集成都通过自动化的构建(包括编译、自动化测试、打包生成发行版等)来验证，从而尽早地发现集成错误。

持续集成就是把多个开发人员写的代码集成到同一个分支，然后经过编译、测试、打包之后将程序保存到项目存储库(Artifact Repository)里。它强调开发人员提交了新代码之后，立刻进行构建、(单元)测试。根据测试结果，我们可以确定新代码和原有代码能否正确地集成在一起，如图 7.2 所示。

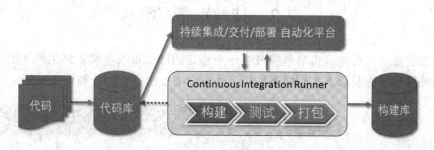

图 7.2　持续集成

　　如果项目开发的规模比较小，比如一个人的项目，如果它对外部系统的依赖很小，那么软件集成不是问题。随着软件项目复杂度的增加，对集成后确保各个组件能够在一起工作提出了更高的要求。早集成、常集成、频繁的集成能够在早期发现质量问题，如果到后期才发现质量问题，那么解决问题代价就很大，很有可能导致项目延期或者项目失败。

　　知名的持续集成软件有：

- Jenkins 是开源软件，功能丰富，足够个人和小团队使用。
- TeamCity 是商业软件，免费的"Professional Server License"已足够个人和小团队使用。

7.2　持 续 交 付

　　持续交付就是定时地、自动地从项目存储库中将最新的程序部署到测试环境里。持续交付建立在持续集成的基础上，将集成后的代码部署到更贴近真实运行环境的"类生产环境"(Production-like Environments)中。比如，我们完成单元测试后，可以把代码部署到连接数据库的 Staging 环境中进行更多的测试。如果代码没有问题，则可以继续手动部署到生产环境中，如图 7.3 所示。

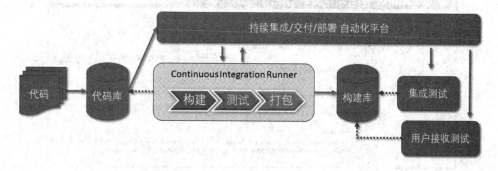

图 7.3　持续交付

知名的持续交付软件有：

(1) Jenkins 是开源软件，功能丰富，足够个人和小团队使用。

(2) GoCD 是 ThoughtWorks 公司最初开发和资助的开源软件。

7.3　持　续　部　署

持续部署就是定时地、自动地将过去一个稳定的已发布版本部署到生产环境中。持续部署是在持续交付的基础上，把部署到生产环境中的过程自动化，如图 7.4 所示。

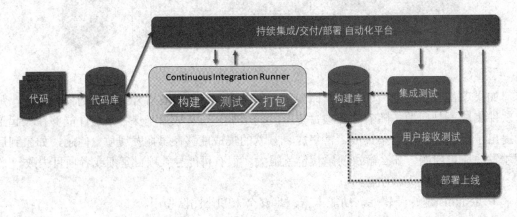

图 7.4　持续部署

7.4　实现持续部署

Jenkins 对持续集成和持续交付提供了很好的支持，大多数软件开发流程都是：编码→单元测试→系统测试→发布到 Staging 环境→用户接收测试(UAT) →部署到生产环境。

持续部署就是将上述流程尽可能自动化。

新建一个“Freestyle project”。下面的例子中命名为“cloudappdevtech”，当然也可以取其他名字，如图 7.5 所示。

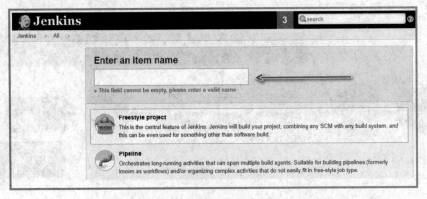

图 7.5　Jenkins 新建项目

指定 GitLab 代码库的 URL：https://gitlab.com/bobyuan/20190224_cloudappdev_code.git。
这个代码库是公开的，不需要设置访问密码。如果代码库是私有的，则必须设置访问密码，
并且测试好并能够正常访问才行。

提示：

上面的代码仓库 URL 是本书的配套代码，读者在做实验的时候不能用它，而是应该
自己申请一个 GitLab 或 GitHub 账号，并在自己的账号下建立和导入这个项目的代码，
用于下面的自动化持续部署实验。

下面继续以本书配套代码仓库的 URL 为例(注意：读者必须填写自己的项目 URL)，
配置 Jenkins 自动化持续部署，如图 7.6 所示。

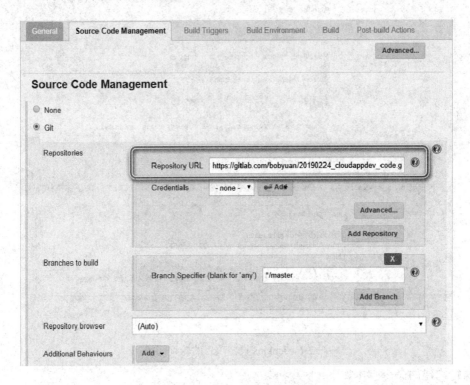

图 7.6　Jenkins 设定项目代码库的 URL

在 Build Triggers 中，设置"Poll SCM"每 15 分钟检查一次(实际应用中可能不需要轮
询这么频繁)，一旦检查到有代码提交将触发构建动作。

如果不清楚配置该怎样填写，在每个输入框右边有一个问号按钮，点击后会弹出详
细的帮助信息。

TZ=Asia/Chongqing

This job needs to be run in
every fifteen minutes (perhaps at :07, :22, :37, :52)
H/15 * * * *

Jenkins 设定项目的轮询间隔如图 7.7 所示。

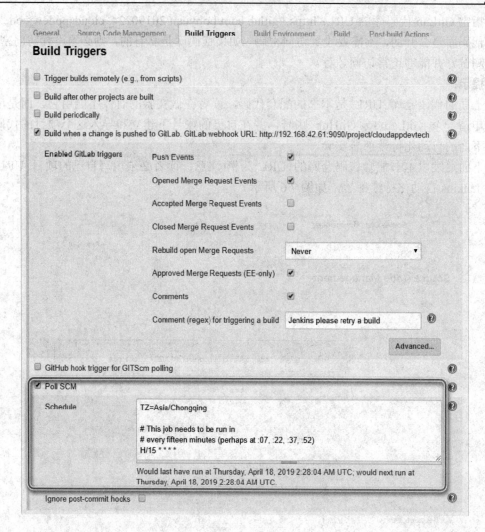

图 7.7　Jenkins 设定项目的轮询间隔

执行构建的命令脚本如下：

```
# goes to the web application project directory.
cd spring_maven_webapp/CounterWebApp/

# run Maven goals.
mvn clean package

# copy the release war file to Tomcat
cp target/CounterWebApp.war /usr/local/apache-tomcat/webapps
```

很容易看出，上述命令先是到项目文件夹内执行 Maven 构建，包括清空、打成 war 包，然后将 war 包复制到 Tomcat 的 webapps 文件夹内。

Jenkins 设定项目的构建脚本如图 7.8 所示。

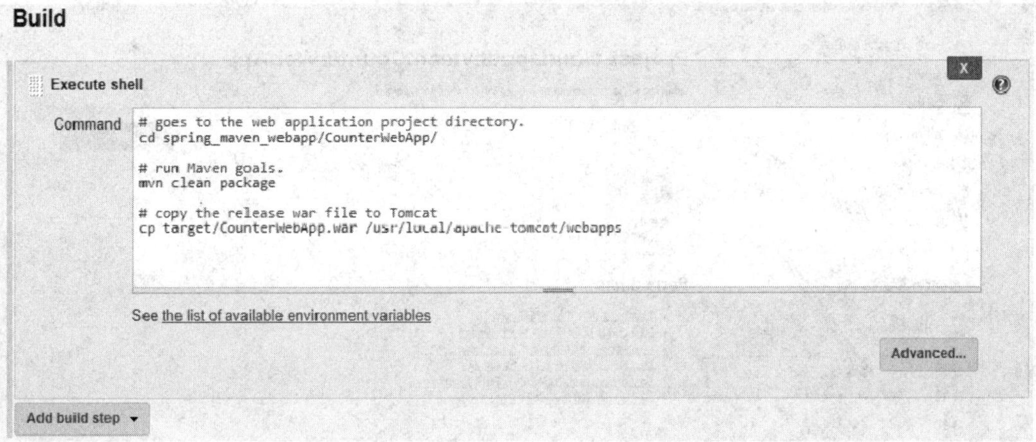

Build

| Execute shell | X | ? |

Command
```
# goes to the web application project directory.
cd spring_maven_webapp/CounterWebApp/

# run Maven goals.
mvn clean package

# copy the release war file to Tomcat
cp target/CounterWebApp.war /usr/local/apache-tomcat/webapps
```

See the list of available environment variables

Advanced...

Add build step ▾

图 7.8　Jenkins 设定项目的构建脚本

以上最后一步，如果文件复制因为权限问题导致失败，可以做如下调整：

login as bobyuan.

let webapps folder to be accessed by others.

chmod 775 /usr/local/apache-tomcat/webapps

add "jenkins" user into group "bobyuan", because Tomcat is owned by "bobyuan" user.

sudo usermod -aG bobyuan jenkins

注意，我们这里的示例仅用于测试，并未考虑到安全因素。若目标部署环境是生产环境，则应该更加谨慎地考虑和设置文件夹的访问权限。

如果部署的目标是到本机的 Docker 容器"tomcatserver"里(容器必须是运行着的)，则将最后一行复制文件的命令改成：

copy the "war" file to Tomcat in the Container.

docker cp target/CounterWebApp.war tomcatserver:/usr/local/tomcat/webapps/

容器内的 Tomcat 也会自动侦测到 webapps 文件夹，并重新部署 CounterWebApp 这个 Web 应用程序。

至此，整个自动化构建流程已配置完毕，自动构建执行后如图 7.9 所示。我们可以按"Configure"来配置此自动化构建项目，还能在"Build History"下方看到每次构建的历史信息，点击进去可以看到更多信息，包括相关控制台的屏幕输出。控制台屏幕输出对于调试此项目的构建配置特别有用。

自动化构建生成的文件如图 7.10 所示，具体路径如下：

/var/lib/jenkins/workspace/cloudappdevtech/spring_maven_webapp/CounterWebApp/target

构建生成的"CounterWebApp.war"将被复制到 Tomcat 的"webapps"文件夹中，如图 7.11 所示。

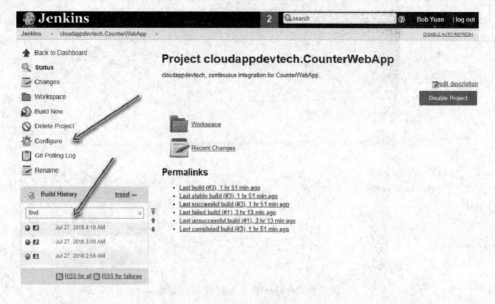

图 7.9　Jenkins 的项目仪表盘

```
bobyuan@ubuntuvm1:/var/lib/jenkins/workspace/cloudappdevtech/spring_maven_webapp/CounterWebApp/target$ ls -l
total 5196
drwxr-xr-x 3 jenkins jenkins    4096 Jul 27 02:57 classes
drwxr-xr-x 4 jenkins jenkins    4096 Jul 27 02:58 CounterWebApp
-rw-r--r-- 1 jenkins jenkins 5297432 Jul 27 03:09 CounterWebApp.war
drwxr-xr-x 3 jenkins jenkins    4096 Jul 27 02:57 generated-sources
drwxr-xr-x 2 jenkins jenkins    4096 Jul 27 02:58 maven-archiver
drwxr-xr-x 4 jenkins jenkins    4096 Jul 27 03:11 site
```

图 7.10　Jenkins 的项目 Maven 构建结果

```
bobyuan@ubuntuvm1:/usr/local/apache-tomcat/webapps$ ls -l
total 5200
drwxr-x---  4 bobyuan bobyuan    4096 Jul 27 08:49 CounterWebApp
-rw-r--r--  1 jenkins jenkins 5297432 Jul 27 08:49 CounterWebApp.war
drwxr-x--- 14 bobyuan bobyuan    4096 Jul 12 03:48 docs
drwxr-x---  6 bobyuan bobyuan    4096 Jul 12 03:48 examples
drwxr-x---  5 bobyuan bobyuan    4096 Jul 12 03:48 host-manager
drwxr-x---  5 bobyuan bobyuan    4096 Jul 12 03:48 manager
drwxr-x---  3 bobyuan bobyuan    4096 Jul 12 03:48 ROOT
```

图 7.11　Jenkins 的构建脚本执行后结果

　　Tomcat 侦测到文件更新，将自动重新部署 "CounterWebApp.war" 这个 Web 应用程序。
以上整个持续部署的流程，正常情况下是：Jenkins 配置为每 15 分钟检测一次代码提交，若有更新，则启动自动化构建脚本，完成测试、构建到部署的全过程。

　　下面我们来验证一下这个自动化构建能否正常工作。

　　先在虚拟机 ubuntuvm1 里将 Tomcat 运行起来。

　　　　$CATALINA_HOME/bin/startup.sh

　　屏幕输出示例(先运行 Tomcat，然后看进程和端口侦听的情况以确认它正常运行)：

　　　　bobyuan@ubuntuvm1:~$ $CATALINA_HOME/bin/startup.sh

　　　　Using CATALINA_BASE:　　/usr/local/apache-tomcat

　　　　Using CATALINA_HOME:　　/usr/local/apache-tomcat

Using CATALINA_TMPDIR: /usr/local/apache-tomcat/temp

Using JRE_HOME: /usr/lib/jvm/java-8-oracle/jre

Using CLASSPATH: /usr/local/apache-tomcat/bin/bootstrap.jar:/usr/local/apache-tomcat/bin/to

mcat-juli.jar

Tomcat started.

bobyuan@ubuntuvm1:~$ ps -ef | grep tomcat

bobyuan 20040 1 6 01:49 pts/0 00:00:06 /usr/lib/jvm/java-8-oracle/jre/bin/java -Djava.util.

logging.config.file=/usr/local/apache-tomcat/conf/logging.properties -Djava.util.logging.manager=org.apac

he.juli.ClassLoaderLogManager -Djdk.tls.ephemeralDHKeySize=2048 -Djava.protocol.handler.pkgs=org.

apache.catalina.webresources -Dorg.apache.catalina.security.SecurityListener.UMASK=0027 -Dignore.en

dorsed.dirs= -classpath /usr/local/apache-tomcat/bin/bootstrap.jar:/usr/local/apache-tomcat/bin/tomcat-juli.j

ar -Dcatalina.base=/usr/local/apache-tomcat -Dcatalina.home=/usr/local/apache-tomcat -Djava.io.tmpdir=/

usr/local/apache-tomcat/temp org.apache.catalina.startup.Bootstrap start

bobyuan 20084 2512 0 01:50 pts/0 00:00:00 grep --color=auto tomcat

bobyuan@ubuntuvm1:~$ netstat -an | grep 8080

tcp6   0   0 :::8080   :::*   LISTEN

打开浏览器，假设虚拟机 ubuntuvm1 的 IP 地址是 192.168.42.61，我们访问以下地址：
http://192.168.42.61:8080/CounterWebApp/，应当能够看到 CounterWebApp 正常运行，如图
7.12 所示。

图 7.12　Jenkins 自动构建前 CounterWebApp 的运行结果

我们简单修改一下 CounterWebApp 项目的 JSP 页面，添加一行字符并保存，如图 7.13
所示。

```
 *index.jsp ⊠
1  <%@ page language="java" contentType="text/html; charset=UTF-8"
2     pageEncoding="UTF-8"%>
3
4⊖ <html>
5⊖ <body>
6  <h1>Maven + Spring MVC Web Project Example</h1>
7
8  <h2>Message : ${message}</h2>
9  <h2>Counter : ${counter}</h2>
10
11 I add this line of text just to test Jenkins continuous deployment process.
12 </body>
13 </html>
14
```

图 7.13　修改 CounterWebApp 项目的 JSP 页面

用 TortoiseGit 将修改提交并推送到 GitLab 的代码仓库里。如图 7.14 所示，将修改提交到代码库，提交成功则如图 7.15 所示。

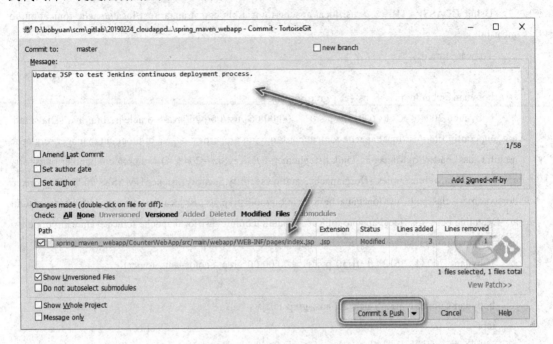

图 7.14　将修改提交到代码库

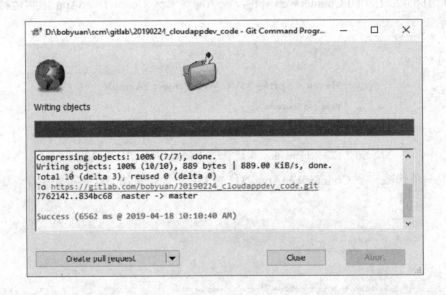

图 7.15　提交到代码库成功

    等一小段时间(最长 15 分钟)后，我们看到 Jenkins 已经侦测到 GitLab 代码仓库的 CounterWebApp 出现了新的提交，并执行了自动化构建，部署到 Tomcat 中运行。从构建历史中可以看到，之前的构建是"#16"，新的构建是"#17"，如图 7.16 所示。

图 7.16　Jenkins 自动化构建成功

点击新构建"#17"，在左边栏选择"Changes"，在右边可以看到，显示的修改正是我们刚才提交的那次变更，如图 7.17 所示。

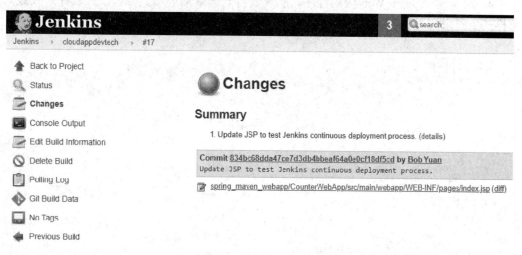

图 7.17　Jenkins 自动化构建成功，代码库变更详情

我们刷新浏览器中 CounterWebApp 的页面，即可以看到之前的变更已经体现在输出的网页上了，如图 7.18 所示。

图 7.18　Jenkins 自动化构建成功，新的 JSP 页面

　　以上演示了用 Jenkins 搭建持续部署的过程。实际工作中，持续部署的搭建情况肯定比这个例子更复杂，但原理都是一样的。

习　　题

　　1. 持续集成的英文全称是什么？实现持续集成的意义是什么？

　　2. 名词解释：持续集成、持续交付、持续部署，它们的英文全称是什么？简述它们各自包含的工作范围和区别。

　　3. 持续集成常见的工具软件有哪些？试列举 1～2 个免费的且适合 3～5 人小团队的产品。

　　4. 对于一个 Java Web 应用程序，实现其持续部署需要用到哪些工具软件？大致需要怎样的步骤来实现呢？

第 8 章　DevOps

DevOps(英文 Development 和 Operations 的组合词)是一种方法或者实践，强调软件开发、技术运营以及质量保障(QA)部门之间的沟通协作，共同促进软件变更和交付流程的自动化，让构建、测试、发布上线更加快捷、频繁与可靠。DevOps 如图 8.1 所示。

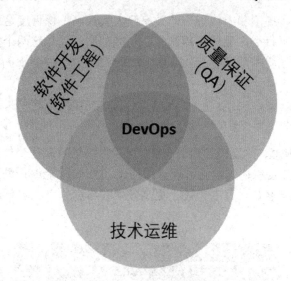

图 8.1　DevOps 图示

在传统管理流程的企业里，开发人员和运营人员是分离的部门，他们的目标有很大差异，甚至说完全相反。开发人员专注于创新，引入变更；而运营人员最关心的是运行平稳，不要出故障，对可能引入任何不确定因素的变更非常谨慎。

DevOps 起源于 Google 这样的大型互联网公司，这些公司需要员工紧密协作，不希望出现部门割据。类似 Google 这样的大企业每天都会推送大量的代码更新，潜在出现 Bug 的概率很高，他们用 Puppet 和 Chef 等工具将很多工作和流程自动化，以此应对艰巨的基础设施可用性的挑战。

让我们看一看国内百度公司某产品线在引入 DevOps 前后的变化。首先要解释两个百度术语：

"提测"是指某个项目开发完成后，在正式上线前，将其提交给测试组进行测试的活动。对于客户来说，"提测"这个动作本身并不增加什么价值，但也需要花费一定的时间。

"上线"是指某个项目验证合格后，将其部署到服务器的过程，其中包括"上线申请"和"实际部署"两个活动。

在其他公司中也许对这两个活动的称呼不同。在软件生命周期中，过去在"提测""上线"这两件事情上无论花多长时间，人们可能都不会感到惊讶。

下面两张图(图 8.2 和图 8.3)是该产品线进行改进前后的对比数据。

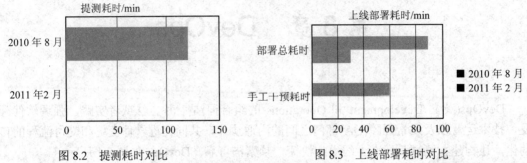

图 8.2　提测耗时对比　　　　　　　　图 8.3　上线部署耗时对比

从图中不难看出，提测和上线部署的效率已大大提高。像百度这样的互联网企业，产品线多得数不清，几乎每个产品线每周都有新功能部署。仅从这两个数据来看，其收益可想而知是巨大的。

8.1　DevOps 原理

DevOps 集文化理念、实践和工具于一身，可以提高组织高速交付应用程序和服务的能力。与使用传统软件开发和基础设施管理流程相比，DevOps 能够帮助企业更快地发展和改进产品，更好地服务其客户，并在市场上更高效地参与竞争。DevOps 闭环如图 8.4 所示。

图 8.4　DevOps 闭环

在 DevOps 模式下，开发团队和运营团队都不再是"孤立"的团队。有时，这两个团队会合并为一个团队，他们的工程师会在应用程序的整个生命周期(从开发测试到部署再到运营)内相互协作，开发出一系列不限于单一职能的技能。

在一些 DevOps 模式下，质保和安全团队也会与开发和运营团队更紧密地结合在一起，贯穿应用程序的整个生命周期。当安全是所有 DevOps 团队成员的工作重心时，DevOps 有时被称为"DevSecOps"。

这些团队会使用实践经验自动执行之前手动操作的缓慢流程。他们使用能够帮助其快速可靠地操作和开发应用程序的技术体系和工具。这些工具还可以帮助工程师独立完成通常需要其他团队协作才能完成的任务(例如部署代码或预置基础设施)，从而进一步提高团队的工作效率。

总而言之，DevOps 的关键是流程的自动化——让代码完成过去手工的操作，从而大大节省成本，提高效率。需要注意的是，在现实世界里，DevOps 更多是应用在大企业，因为小企业的协作相对容易，产品线不稳定，引入 DevOps 的投入产出优势不明显。

8.2　DevOps 实践

维基百科(WikiPedia)上对 DevOps 的解释说："DevOps 是软件开发、运维和质量保证三个部门之间的沟通、协作和集成所采用的流程、方法和体系的一个集合。它是人们为了及时生产软件产品或服务，以满足某个业务目标，对开发与运维之间相互依存关系的一种新的理解。"这恰好体现了精益管理(Lean Management)中的客户价值原则，即：以客户的观点来确定企业从设计到生产交付的全部过程，实现客户需求的最大满足。我们也可以把 DevOps 看作是一种能力，在缺乏这种能力的组织中，开发与运维之间存在着信息"鸿沟"。

如何获得这种能力呢？关键有两点：一是全局观，要从软件交付的全局出发，加强各角色之前的合作；二是自动化，人机交互就意味着手工操作，应选择那些支持脚本化、无需人机交互界面的强大管理工具，比如各种可以进行版本控制的脚本(script)，以及类似于 Nagios 这样的基础设施监控工具，类似于 Puppet、Chef 这样的基础设施配置管理工具等。

以下几方面因素可能促使一个组织引入 DevOps：

(1) 使用敏捷或其他软件开发过程与方法。

(2) 业务负责人要求加快产品交付的速率。

(3) 虚拟化和云计算基础设施(可能来自内部或外部供应商)日益普遍。

(4) 数据中心自动化技术和配置管理工具的普及。

有一种观点认为，目前占主导地位的"传统"美国式管理风格("斯隆模型 vs 丰田模型")会导致"烟囱式自动化"，从而造成开发与运营之间的鸿沟，因此需要 DevOps 能力来克服由此引发的问题。

注解：

事业部制又称为斯隆模型。事业部制最早是由美国通用汽车公司总裁斯隆于 1924 年提出的，故有"斯隆模型"之称，它是一种高度(层)集权下的分权管理体制，适用于规模庞大，品种繁多，技术复杂的大型企业，是国外较大的联合公司所采用的一种组织形式。事业部制是分级管理、分级核算、自负盈亏的一种形式，即一个公司按地区或按产品类别分成若干个事业部，从产品的设计、原料采购、成本核算、产品制造，一直到产品销售，均由事业部及所属工厂负责，实行单独核算，独立经营，公司总部只保留人事决策、预算控制和监督大权，并通过利润等指标对事业部进行控制。

丰田管理的一个主要思想就是在保持稳定质量的同时，使生产能及时反映市场的变化，并在逐步改善提高的基础上，最大限度地降低成本。丰田公司独特的经营管理意识不仅反映在它的发展战略上，更反映在它的日常管理上。特别是以 JIT(Just In Time)为重要内容的 TPS (Toyota Production System)，即丰田生产方式。TSP 是通过准时化生产、全面质量管理、并行工程等一系列方法来消除一切浪费，实现企业利润的最大化。它基于内部团队式的工作方式，在外部企业密切合作的背景下，无限追求最优化。

DevOps 经常被描述为"开发团队与运营团队之间更具协作性、更高效的关系"。由于团队间协作关系的改善，整个组织的效率因此得到提升，伴随频繁变化而来的生产环境的风险也能得到降低。

DevOps 的实施是一个质量改进闭环：

(1) 为现有工作流程建模。

(2) 通过数据测量，发现浪费(痛点或者待改进的地方)。

(3) 提出应对措施并进行小范围实验。即系统视角的全流程优化(非局部优化)，无人工干预的脚本自动化。

(4) 在新工作流程上采集测量数据，和旧工作流程相对比。将好的流程变更固化下来并铺开大范围实施，将不好的或效果不明显的流程变更舍弃。注意保存好中间过程数据，例如前后测量数据、变更原因等。

(5) 如果改善明显则返回到第(1)步，改进是永无止境的。如果改善不明显(投入产出比低于某个阈值)，则需要考虑是否应该停止改进，寻找其他更具有改进空间的地方去。

向 DevOps 的过渡需要文化理念和心态上的转变。简单来说，DevOps 的宗旨就是消除两个传统上孤立的团队(开发团队和运营团队)之间的壁垒。有些组织甚至没有独立的开发团队和运营团队，工程师可能身兼两职。利用 DevOps，这两个团队可以携手合作，共同提高开发人员的生产力，同时增强运营的可靠性。他们力求频繁沟通、提高效率，并改善客户服务的质量。他们能够完全掌控自己的服务，并且经常越过自己的既定角色或职能的传统工作范畴，思考最终用户的需求以及解决这些需求。质保和安全团队也可以与这两个团队紧密协作。凡是采用 DevOps 模式的组织，无论组织结构如何，参与团队都会将整个开发和基础设施生命周期视为己任。

一些重要的实践经验能够通过自动实施和简化软件开发与基础设施管理流程，帮助组织加快创新速度。这些实践经验中的大部分需要通过适当的工具来完成。

其中一个基本实践经验就是要频繁地进行小规模更新。这是组织能为客户快速提供创新的有效方式。与传统发布实践中偶尔的更新相比，这种更新通常更具渐进性质。频繁的小规模更新能够降低每次部署的风险。它们可以帮助团队更快速地处理错误，因为团队能够确定引发错误的最近一次部署。虽然更新的节奏和规模可能有所不同，但使用 DevOps 模式的组织与使用传统软件部署实践的组织相比，会更频繁地更新。

此外，组织还可以使用微服务(Micro Services)架构来提升应用程序的灵活性，从而加快创新步伐。微服务架构将大型的复杂系统拆分为简单的独立项目。应用程序被拆分为许多单个组件(或服务)，每个服务限定到单个目的或功能中，这些服务既可以与其同级服务相互独立运行，也可以与应用程序一起作为整体运行。这种架构降低了更新应用程序的协调开销，当每个服务都与掌控各项服务的敏捷小型团队一一对应时，组织就可以实现更快的发展。

但是，微服务与较高的发布频率相结合会导致部署量大幅度增加，可能会带来运营挑战。因此，持续集成和持续交付等 DevOps 实践经验有助于解决这些问题，让组织能够以安全可靠的方式快速交付。与基础设施即代码和配置管理一样，基础设施自动化实践经验也有助于维持计算资源的弹性和对频繁变更的适应性。此外，监控和记录这一实践经验可帮助工程师追踪应用程序和基础设施的性能，以便他们快速应对出现的问题。

综合采用上述实践经验，可以帮助组织向客户更快交付更可靠的更新。

8.3　DevOps 实践经验

以下列举了一些 DevOps 最佳实践经验：

(1) 持续集成。持续集成是一种软件开发实践经验。采用持续集成时，开发人员会定期将他们的代码变更合并到一个中央存储库中，之后系统会自动运行构建和测试操作。持续集成的主要目标是更快发现并解决错误，提高软件质量，并缩短验证和发布新软件更新所需的时间。

(2) 持续交付。持续交付是一种软件开发实践经验。采用持续交付时，系统会对代码变更自动进行构建和测试，并为发布到生产环境做好准备。持续交付可以在构建阶段后将所有代码变更都部署到测试环境和/或生产环境中，从而实现对持续集成的扩展。若持续交付能正确实施，开发人员将随时能够获得一个已通过标准化测试的可部署的发行版。

(3) 微服务。微服务架构是一种将单个应用程序拆分为一系列小服务的设计方法。其中每个服务均按各自的流程运行，并利用一种轻型机制(通常为基于 HTTP 的应用程序编程接口 API)通过一个明确定义的接口与其他服务进行通信。微服务围绕着业务能力进行构建，每项服务均限定到单个目的。可以使用不同的框架或编程语言来编写微服务，并将其作为单个服务或一组服务进行独立部署。

(4) 基础设施即代码。基础设施即代码是一种实践经验，其中基础设施通过代码和软件部署技术(例如版本控制和持续集成)得以预置和管理。借助云的 API 驱动型模式，开发人员和系统管理员能够以编程方式与基础设施进行大规模互动，而无需手动设置和配置资源。因此，工程师可以使用基于代码的工具来连接基础设施，并且能够以处理应用程序代码的方式来处理基础设施。基础设施和服务器由代码进行定义，因此可以使用标准化模式进行快速部署，使用最新补丁和版本进行更新，或者采用可重复的方式进行复制。

(5) 监控和日志记录。组织对各项指标和日志进行监控，以了解应用程序和基础设施性能如何影响其产品的最终用户体验。通过对应用程序和基础设施生成的数据进行采集、归类和分析，组织可以了解变更或更新如何影响用户，同时深入了解出现问题或意外变故的根本原因。由于服务必须全天候持续可用，而且应用程序和基础设施的更新频率不断提高，因此主动监控变得日益重要。此外，创建警报或对这些数据执行实时分析也能帮助组织更主动地监控其服务。

(6) 沟通与合作。增强组织内部的沟通与合作是 DevOps 文化的一个重要方面。DevOps工具的使用和软件交付流程的自动化能够以物理方式将开发和运行的工作流程及职责结合起来，从而建立团队之间的相互协作。在此基础上，这些团队树立了强大的文化规范，提倡信息共享和通过聊天应用程序、问题或项目追踪系统以及 Wiki 来促进沟通。这有助于加快开发人员、运营团队甚至其他团队(如营销团队或销售团队)之间的沟通，从而使组织的各个部门围绕共同的目标和项目更紧密地结合在一起。

习　题

1．DevOps 这个词是怎么得来的？简述它代表什么意思，它试图解决一个什么问题？为什么它会在近年成为热点？

2．在招聘广告上看到有公司在招收懂 DevOps 的运维人员，DevOps 是一种岗位的称呼吗？

3．想在面试官面前说我懂 DevOps，至少要掌握哪些知识？

4．据说做运维也需要懂得编写代码，至少如 Python 这样的脚本语言，这是为什么？

5．DevOps 也适用在 3~5 人的小型开发团队吗？为什么？

第9章 云平台

云计算平台一般分为 3 种类型：

(1) 公有云——由企业或组织管理运营的，开放给普通大众使用的云。

(2) 私有云——由单个企业内部自己管理和使用的云。

(3) 复合云——上述公有云和私有云的复合体。

本书将只介绍公有云。

目前国外公有云市场份额中，亚马逊云平台是当之无愧的领导者。据 2017 年第一季度的数据显示，它的全球市场份额稳定在 31%，后面的追赶者主要是微软、谷歌和 IBM，如图 9.1 所示。

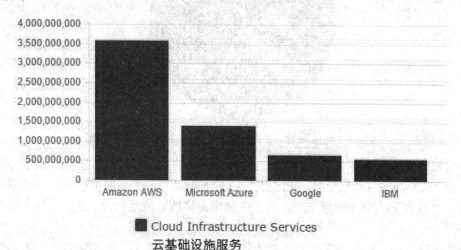

图 9.1　2017 年第一季度全球公有云市场份额

当前国内公有云市场份额中，市场份额最大的前三位是：阿里云、腾讯云、中国电信。

据 IDC(国际数据公司)发布的《中国公有云服务市场(2019 第一季度)跟踪》报告显示，2019 第一季度中国公有云服务整体市场规模(IaaS / PaaS / SaaS)达到 24.6 亿美元，同比增长 67.9%。其中，IaaS 市场增速有所减缓，同比增长 74.1%；PaaS 市场依然保持高增长，增速为 101.9%，如图 9.2 所示。

从 IaaS 市场来看，公有云服务商竞争日趋激烈。阿里(43.2%)、腾讯(12.2%)、中国电信(8.4%)、AWS(6.4%) 依然位居前四，总共占据 70.2%的市场份额；金山(5.2%)、华为(5.2%)和百度(5.2%)市场规模相当接近，其他服务商总共占 14.2%。随着一季度华为和百度 IaaS 业务的快速增长，三家厂商均取得了第五位(5.2%)的市场份额，如图 9.3 所示。

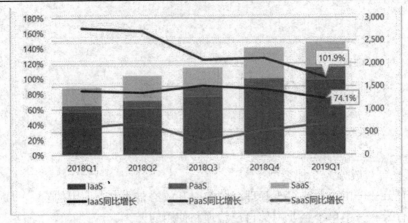

图 9.2　2018—2019 年第一季度中国公有云市场季度分析

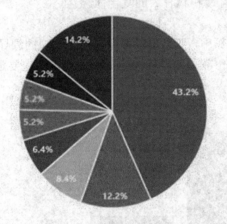

图 9.3　2019 年第一季度中国公有云 IaaS 厂商市场份额

中国公有云市场正进入一个新的发展阶段。从早期的互联网公司使用云计算来降低 IT 采购开支、应对高并发查询交易，到过去 2～3 年部分大中型企业将非关键应用部署在公有云上进行"试水"，2019 年越来越多的企业级用户将核心应用向云上迁移，以实现全面数字化转型。

与此同时，AI、IoT、5G 等 ICT 技术的飞速发展也正为云计算市场带来巨大的发展机遇。当前主要公有云服务商纷纷聚焦 AI 云产品和解决方案的研发。随着 5G 商用的开展，5G 将刺激边缘和客户终端数据的爆炸式增长，传统数据中心需要加快换代升级以满足 5G 对 IT 基础设施的更高需求，云计算成为最佳选择。

9.1　云平台的选择

众所周知，中国国内互联网的网络状况是有"中国特色"的，网站需要实名认证、审查和备案。如果网站的目标客户限定在国内，则考虑国内的云平台，知名的有阿里、腾讯、华为、百度、新浪、金山等。如果网站的目标客户在国外，则考虑国外的云平台，知名的有亚马逊(AWS)、微软(Azure)、谷歌(Google AppEngine)等。其中亚马逊的数据中心分散在全球多个位置，我们还可以选定某个数据中心以便更加贴近客户，提高网络响应速度。

选择云平台和买商品一样，主要考量因素是性价比、服务等：

(1) "价"是指价格，包括首次购买的价格和后期续费的价格。有些云平台可以给新用户很大的优惠，而后期续费时却远高于其他云平台，或是后期有可能单方面大幅涨价。因此，价格要做综合衡量，毕竟迁移也是要花费时间和成本的，应该看长期平均的租用费用。

(2) "性"是指综合性能，它包括配置、带宽、速度和稳定性等多个方面。配置和带宽等容易比较，而其中速度和稳定性需要留意考察。速度不是某最高配置下，某个闲时时间点测试的最好成绩(厂商的宣传资料里往往会是这样)，而应该是长期综合的一个评判。如果某个云平台在闲时的速度很快，在忙时的速度下跌很多，甚至历史情况下出现过宕机，体现出稳定性很差，就应该谨慎考虑了。

(3) "服务"是指云平台的技术服务是否到位，在出现问题或需要帮助时，能否快速响应提供支持，在用户心中是否有口碑效应等。

关于云平台的选择，这个话题的时效性太强，也和用户的实际需求紧密相关，建议在网络上搜索后自行定夺。

9.2 亚 马 逊 云

你在亚马逊网站上购买过任何东西，或是使用过 Dropbox 吗？它们的后台服务都是构建在亚马逊云服务(Amazon Web Services，AWS)上的。亚马逊云服务是当今全球最大的云服务提供商，是当之无愧的业界领导者。它的数据中心广泛分布在美国、欧洲、亚洲、南美洲各地，据 2014 年底非官方统计已经有超过 140 万台服务器。除了硬件设备，软件平台也是其提供的云服务中重要的组成部分。

以下部分章节将详细介绍 AWS，以便利用 AWS 的优势来部署或改善企业的 IT 应用。首先介绍 AWS 的基本概念和基础知识，再使用 AWS 构建相对复杂的云应用程序架构。

9.2.1 初识 AWS

AWS 是一个完整的云平台解决方案，提供了计算、存储、网络等不同抽象层次的资源，可以利用它来发布网站，运行企业级应用程序等。它的服务提供了网页端图形操作界面，也提供了完备的 API 可供外部程序调用。其中最著名的服务有：Amazon EC2 (Elastic Compute Cloud)，它提供虚拟服务器服务；Amazon S3 (Simple Storage Service)，它提供云存储服务。这些服务采用的都是按使用计费的付费模式。

AWS 的数据中心广泛分布在美国、欧洲、亚洲、南美洲各地，我们可以任意选择不同地点的数据中心。比如说可以选择将虚拟服务器设置在美国或日本，以便更好地服务当地客户。

总而言之，AWS 是一个服务全球的"云计算平台"。

AWS 的产品众多，涵盖了 IaaS、PaaS 和 SaaS 的各个方面。常见的需求如负载均衡、消息队列、发送电子邮件、数据库、文件存储、大数据分布式计算等都可以找到对应的服务。我们只需要根据业务需要，挑选合适的服务来集成和构建自己的商务应用，如个人博客、电子商务网站、企业内部 IT 应用等。

AWS 提供了完备的 API(Application Programming Interface),通过它可以让一切自动化。我们可以编写代码来创建网络,启动虚拟服务器集群,部署关系型数据库等。自动化能够提高系统可靠性和人员工作效率。

AWS 服务具有可伸缩性,从运行一台服务器到上万台服务器,或存储 GB 到 PB 级别的数据,都可以轻而易举地通过图形界面快速实现;还能根据用户访问量的监测来动态调整,自动增加或减少虚拟服务器资源,从容应对访问高峰期和低谷期。我们可以认为它的潜力是无限的,不必去担心系统容量限制等问题。

大多数 AWS 的服务默认具有容错性和高可用性,可以方便地构建复杂、健壮的企业级应用。自助申请一台虚拟服务器主机,几分钟后即可启动并投入运行,也可以随用随弃,按需动态分配。

众多知名企业都在 AWS 上构建他们的关键应用,例如 Airbnb、Intuit、NASA、Nasdaq 等。

AWS 的账单和电费账单相似,按使用付费,按月计费,价格是公开的,我们可以通过官方提供的计算器来计算可能产生的费用。

对于新注册的用户,AWS 提供 1 年的免费使用期,用来熟悉 AWS 上提供的各种服务,包括:

(1) 750 小时(大约一个月)的微小型虚拟服务器。

(2) 750 小时的负载均衡。

(3) 5 GB 的对象数据存储。

(4) 20 GB 的微小型数据库存储(含数据备份)。

需要注意的是,若实际使用超过了上述免费配额后,超限部分将会计算费用,在月底生成账单。一年免费期过后,在用的部分资源也将进入计费范围。具体关于免费的信息,以及一年后还可以继续免费使用的服务,可以参考官网的 AWS 免费套餐。

特别需要提醒的是,从注册之日算起,一年免费期过后,即使 EC2 虚拟服务器实例处于闲置状态(例如 Stop 状态)也要计费,因此,在一年免费期结束之前,记得终止(Terminate)实例。查看当前账户的费用和账单预估信息,可以访问 Billing Management Console。

9.2.2 创建 AWS 账号

使用 AWS 前必须先创建一个账号。需要提供:

(1) 一个电话号码,用于验证身份。

(2) 一个国际信用卡,用于支付账单。

访问 AWS 的官网,按以下 5 个步骤填写并注册新账号:

(1) 设置电子邮件和密码。

(2) 设置联系方式。

(3) 设置支付方式。

(4) 验证身份。

(5) 选择技术支持计划。

注册过程并不复杂,其中联系方式等地址信息可以填写中文。需要注意的是:

(1) 支付方式中要用到支持国际免密码支付的信用卡,例如 MasterCard 或 VISA 卡。为了交易安全,国内部分银行发行的信用卡默认关闭了国际免密码支付功能,需要拨打卡片背面的 400 电话开通此功能后才能继续。AWS 将试图扣款以验证信用卡的有效性，但此时并不会产生费用。

(2) 验证身份时将接收到 AWS 的自动电话，来电号码显示来自美国，用英语要求键入屏幕上显示的 4 位数字并按"#"键确认。

(3) 技术支持计划可选择免费。

新注册的 AWS 账号是根用户账号(root)，可以用它登入 AWS 管理控制台(AWS Management Console)。为了账号安全，强烈建议打开多重身份认证(Multifactor Authentication，MFA)，若是账号被盗，则黑客肯定会用绑定的信用卡去支付，导致财产损失。多重身份认证可以通过在智能手机上安装免费开源的"Google Authenticator"应用，扫描屏幕上的二维码来添加。登录的时候，将用电子邮件和密码，以及 Google Authenticator 应用上动态显示的 6 位数字，登录进入 AWS 管理控制台。

Google Authenticator 的原理和网银的实体动态口令牌原理相似。实现 Google Authenticator 功能需要服务器端和客户端的支持。服务器端负责密钥的生成、验证一次性密码是否正确。客户端记录密钥后生成一次性密码。

客户端和服务器端事先协商好一个密钥 K，用于一次性密码的生成过程，此密钥不被任何第三方所知道。此外，客户端和服务器各有一个计数器 C，并且事先将计数值同步。进行验证时，客户端对密钥和计数器的组合(K，C)使用 HMAC(Hash-based Message Authentication Code)算法计算一次性密码，公式如下：

$$HOTP(K,C) = Truncate(HMAC\text{-}SHA\text{-}1(K,C))$$

上面采用了 HMAC-SHA-1 算法，当然也可以使用 HMAC-MD5 等。HMAC 算法得出的值位数比较多，不方便用户输入，因此需要截断(Truncate)成为一组不太长的十进制数，例如 6 位。计算完成之后客户端计数器 C 计数值加 1。用户将这一组十进制数输入并且提交之后，服务器端同样的计算，并且与用户提交的数值比较，如果相同，则验证通过，服务器端将计数值 C 增加 1；如果不相同，则验证失败。

Google Authenticator 的算法是公开的，所以服务器端也有很多开源的实现(比如 PHP 版的)。在 Github 上搜索可以找到更多语言版的实现。我们在自己的项目中也可以轻松加入对 Google Authenticator 的支持，目前 Dropbox、LastPass、WordPress 等第三方应用都支持 Google Authenticator 登录。图 9.4 展示了 Google Authenticator App 在苹果应用商店的页面。

图 9.4　Google Authenticator App 在苹果应用商店的页面

一个 AWS 根用户账号可以添加多个普通用户(称为"IAM 用户"),并为它分配权限组(即角色)。实际使用中,强烈建议不使用根用户执行日常任务,即使是管理任务。较好的做法是,仅使用根用户创建第一个 IAM 用户。然后,安全地保存根用户凭证,仅使用它们执行一些账户和服务管理任务。

　　用根用户登录进入 AWS 管理控制台后的界面显示如图 9.5 所示。我们可以注意到右上角显示的是"弗吉尼亚北部(N.Virginia)"。若显示的是不同的地方,则选择到上述区域,它是指当前数据中心所在地。后面的实验将基于"弗吉尼亚北部(N.Virginia)",因此都选择这一个区域。另外,网页左上角的"服务"菜单,可展开到常用的服务子菜单。

图 9.5　AWS 管理控制台

　　点击"EC2 Dashboard",再点击"0 个密钥对",创建一个非对称密钥对。注意,密钥对是跟区域(当前区域是弗吉尼亚北部)相连,即每个区域拥有自己的密钥对。

　　输入"mykey"作为名称(可以选择其他名称),这时页面会下载"mykey.pem",这是私钥,一定要将它保存到安全的位置。对应的公钥已经自动填写到当前区域数据中心的 AWS 管理控制台设置中了。

　　如果我们想在 Windows 上用 PuTTY 作为 SSH 的客户端来登录,用 WinSCP 作为 SFTP 的客户端传输文件,则需要用"PUTTYGEN.EXE"(这是 PUTTY 软件包里的一个可执行程序)将"mykey.pem"转换成另一格式,保存为同一文件夹下,例如"mykey.ppk"。每次连接到虚拟服务器实例时,需要提供此私有密钥,它比用用户名加密码的登录方式更安全,如图 9.6 所示。

　　点击"启动实例"以创建和启动一个虚拟服务器实例,按上面的步骤操作一遍。启动如图 9.7 所示。

　　按免费的实例类型"t2.micro",启动一个免费的"Amazon Linux 2 AMI (HVM), SSD Volume Type - ami-b70554c8"实例,启动成功后,找到其"公有 DNS"将它显示的值记录下

来，作为虚拟服务器的地址信息。此例中是“ec2-54-172-15- 219.compute-1.amazonaws.com”，如图 9.8 所示。

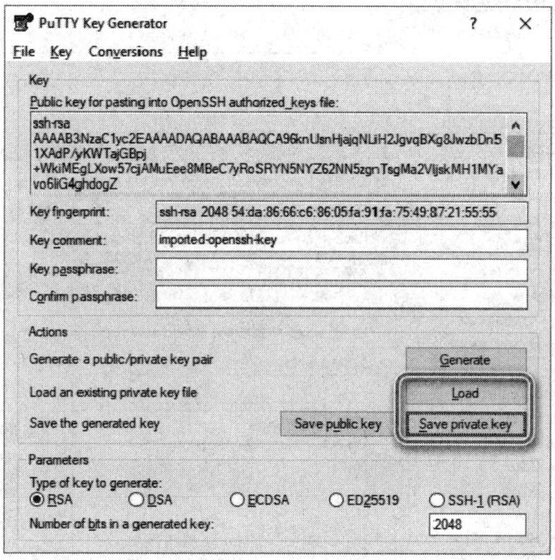

图 9.6　PuTTY Key Generator 转换密钥

图 9.7　AWS 启动实例

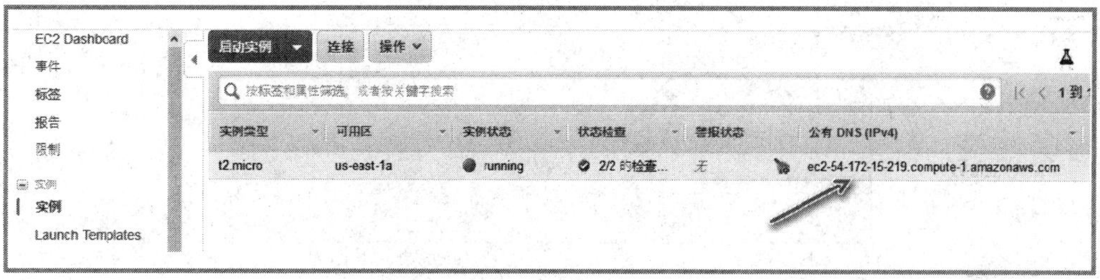

图 9.8　已启动实例的公网 IP

用 PuTTY 来登录此虚拟服务器，将 ec2-user@ec2-54-172-15-219.compute-1.amazonaws.com 作为"Host Name"，其中 ec2-user 是用户名，"@"符号后面是虚拟服务器的"公有 DNS"，如图 9.9 所示。

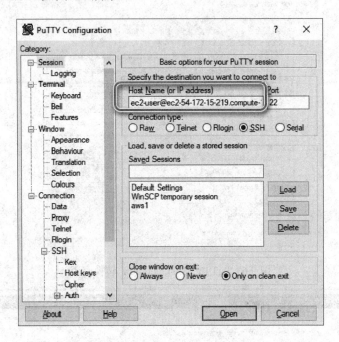

图 9.9　PuTTY 进行 SSH 连接的设置之主机名或 IP 地址

　　作为可选项，为了保持和服务器的连接，让 PuTTY 自动每 3 分钟发数据包给服务器，避免闲置过久导致连接超时自动断开，如图 9.10 所示。

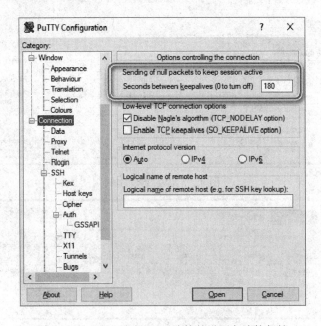

图 9.10　PuTTY 进行 SSH 连接的设置之连接保持

在连接的身份验证中，设置用私钥，如图 9.11 所示。

图 9.11 PuTTY 进行 SSH 连接的设置之私钥文件

登录成功，如图 9.12 所示。

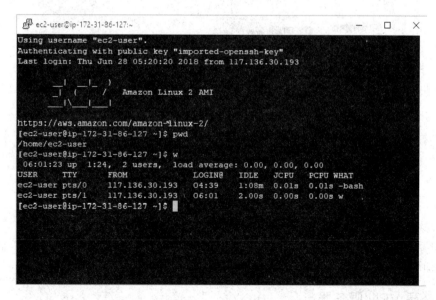

图 9.12 PuTTY 进行 SSH 连接的设置，登录成功

用 WinSCP 来传输文件时，可以这样设置连接信息："Host Name"是虚拟服务器的"公有 DNS"，用户名是"ec2-user"，如图 9.13 所示。

点击"Advanced..."，在弹出的窗口中指定私钥文件。按这样设置就可以登录虚拟服务器了，如图 9.14 所示。

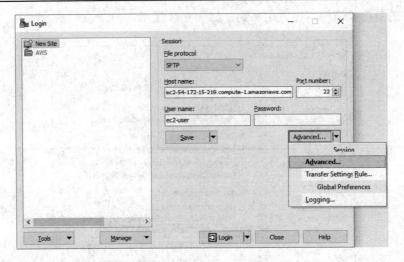

图 9.13　WinSCP SFTP 连接的设置之高级

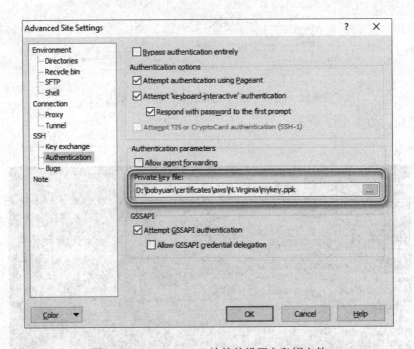

图 9.14　WinSCP SFTP 连接的设置之私钥文件

　　特别提示：为避免产生费用，以上练习完毕后，请记得"终止(Terminate)"此虚拟服务器。虚拟服务器终止后，将无法撤销，数据将被永久删除。

9.2.3　搭建 VPN 服务器

　　如果在机场或咖啡馆使用开放式 WIFI，就需要通过 VPN(Virtual Private Network，虚拟专用网)建立安全的数据管道以便访问互联网。以下的例子将在 AWS 虚拟服务器上建立一个 OpenSwan 服务器作为 VPN Server，它提供基于 IPSec 的数据管道服务，可以方便地在不同客户端平台(Windows、OS X 和 Linux)上使用，如图 9.15 所示。

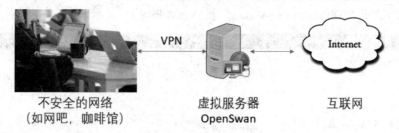

图 9.15 VPN 网络架构

我们需要先创建一个 IAM 用户，以便用它来调用 AWS 的 API。整个创建 VPN 服务器的过程是通过运行脚本来实现的，这样做的好处是让创建的服务标准化，避免人工错误。

访问权限控制即 Identity and Access Management (IAM)。在 IAM 管理页面可以执行相关操作，例如添加 IAM 用户、创建访问密钥等。下面例子中调用 AWS 的 API 需要通过此 IAM 用户来执行操作(见图 9.16)。

图 9.16 创建一个 IAM 用户

以"mycli"为用户名，创建一个 IAM 用户，访问类型为"编程访问"，再给创建的新用户取名，如图 9.17 所示。

图 9.17 创建新用户之用户名

给此用户赋予"AdministratorAccess"权限，如图 9.18 所示。

图 9.18　给此用户赋予权限

最后确认以创建此用户，如图 9.19 所示。

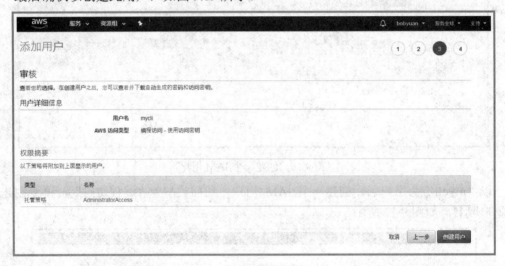

图 9.19　完成创建用户

创建后，系统会提示"这是仅有的一次查看或下载私有访问密钥的机会。以后您无法恢复它们。不过，您随时可以创建新的访问密钥"。请注意保存好私有访问密钥。如果丢失私钥，或是记录错误，则需要创建一个新的密钥对。

IAM 不要求选择区域，但在配置时可以设置默认所在区域。例如从 URL 中找到的区域是"us-east-1"，如图 9.20 所示。

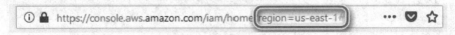

图 9.20　用户所在区域

根据上述信息来配置此 IAM 用户：

```
[ec2-user@ip-172-31-86-127 ~]$ aws configure
```

AWS Access Key ID [None]: （输入此 IAM 用户的访问密钥 ID）

AWS Secret Access Key [None]: （输入此 IAM 用户的私有访问密钥）

Default region name [None]: （输入区域名称，例如：us-east-1）

Default output format [None]: json

根据模板，自动化地创建 VPN 虚拟服务器。

[ec2-user@ip-172-31-86-127 ~]$ curl -s https://raw.githubusercontent.com/\

AWSinAction/code/master/chapter5/vpn-create-cloudformation-stack.sh | bash -ex

++ aws ec2 describe-vpcs --filter 'Name=isDefault, Values=true' --query 'Vpcs[0].VpcId' --output text

+ vpc=vpc-b0e10fca

++ aws ec2 describe-subnets --filters Name=vpc-id,Values=vpc-b0e10fca --query 'Subnets[0].SubnetId' --output text

+ subnet=subnet-a7eb1e99

++ openssl rand -base64 30

+ sharedsecret=44KYH7YRuNVUgDVqayM4HIJeo9NxeBiphje1KNel

+ user=vpn

++ openssl rand -base64 30

+ password=zDY7ZfCHfT5UrpJHGQ1jmuedLioZKvyf58Esikh7

+ aws cloudformation create-stack --stack-name vpn --template-url https://s3.amazonaws.com/awsinaction/chapter5/vpn-cloudformation.json --parameters ParameterKey=KeyName, ParameterValue=mykey ParameterKey=VPC,ParameterValue=vpc-b0e10fca ParameterKey=Subnet, ParameterValue = subnet-a7eb1e99 ParameterKey=IPSecSharedSecret, ParameterValue = 44KYH7YRuNVUgDVqayM4HIJeo9NxeBiphje1KNel ParameterKey=VPNUser,ParameterValue=vpn ParameterKey= VPNPassword, ParameterValue=zDY7ZfCHfT5UrpJHGQ1jmuedLioZKvyf58Esikh7

```
{
    "StackId": "arn:aws:cloudformation:us-east-1:028174012638:stack/vpn/4c9e9bf0
    -7a9c-11e8-b0ad-50a686e4bb82"
}
```

++ aws cloudformation describe-stacks --stack-name vpn --query 'Stacks[0].StackStatus'

+ [["CREATE_IN_PROGRESS" != *\C\O\M\P\L\E\T\E*]]

+ sleep 10

++ aws cloudformation describe-stacks --stack-name vpn --query 'Stacks[0].StackStatus'

+ [["CREATE_COMPLETE" != *\C\O\M\P\L\E\T\E*]]

+ aws cloudformation describe-stacks --stack-name vpn --query 'Stacks[0].Outputs'

```
[
    {
        "Description": "The username for the vpn connection",
        "OutputKey": "VPNUser",
```

"OutputValue": "vpn"

    },
    {

        "Description": "The shared key for the VPN connection (IPSec)",

        "OutputKey": "IPSecSharedSecret",

        "OutputValue": "44KYH7YRuNVUgDVqayM4HIJeo9NxeBiphje1KNel"

    },
    {

        "Description": "Public IP address of the vpn server",

        "OutputKey": "ServerIP",

        "OutputValue": "52.3.241.21"

    },
    {

        "Description": "The password for the vpn connection",

        "OutputKey": "VPNPassword",

        "OutputValue": "zDY7ZfCHfT5UrpJHGQ1jmuedLioZKvyf58Esikh7"

    }

]

9.2.4　部署 Web 应用程序

AWS 上提供了部署典型 Web 应用程序(或简称为"应用"或"应用程序")的服务,包括 PHP、Java、.NET、Ruby、Node.js、Python、 Go 和 Docker,称之为"AWS Elastic Beanstalk"。通过它,我们可以不必关心底层虚拟服务器的具体实现细节,这些常见问题已经在这个抽象层级解决了,包括:

(1) 为 Web 应用程序(PHP, Java 等)提供一个运行环境。

(2) 自动安装和更新。

(3) 配置运行环境。

(4) 提供负载均衡。

(5) 监控和调试。

使用 Elastic Beanstalk 前,需先理解以下几个概念:

(1) 应用程序(application):可以理解为一个逻辑上的容器,它包含了版本(version),环境(environment)和配置(configuration)。在某个区域(region)上使用 Elastic Beanstalk,需要先创建一个应用程序。

(2) 版本(version):Web 应用程序的特定版本号。创建一个新版本,需要将打包好的 Web 应用程序上传到服务器上(例如 Amazon S3,它存储着静态文件)。简而言之,一个版本指代着某一个版本号的 Web 应用程序包。

(3) 配置模板(configuration template):包含了默认的配置。我们可以为应用程序配置不同的配置模板。例如配置使用不同的监听端口,用于部署到不同的虚拟服务器等。

(4) 环境(environment):应用程序的运行环境(或简称环境),它包含了版本(version)和配置(configuration)。同一个应用程序可以同时运行多个环境，每个环境中运行的是某个版本和某个配置。

通过图 9.21 示例，可以方便理解上述三个概念的关系。

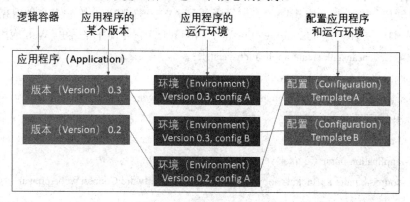

图 9.21 三个概念的关系图

下面让我们开始部署一个简单的 Web 应用程序。

在命令行窗口执行以下命令，先创建一个应用程序，名为 CounterWebApp：

```
aws elasticbeanstalk create-application --application-name CounterWebApp
```

屏幕输出如下例：

```
[ec2-user@ip-172-31-86-127  ~]$  aws  elasticbeanstalk  create-application  --application-name
CounterWebApp
{
    "Application": {
        "ApplicationName": "CounterWebApp",
        "ConfigurationTemplates": [],
        "DateUpdated": "2018-08-02T04:50:25.772Z",
        "ResourceLifecycleConfig": {
            "VersionLifecycleConfig": {
                "MaxCountRule": {
                    "DeleteSourceFromS3": false,
                    "Enabled": false,
                    "MaxCount": 200
                },
                "MaxAgeRule": {
                    "DeleteSourceFromS3": false,
                    "Enabled": false,
                    "MaxAgeInDays": 180
                }
            }
        },
```

```
        "DateCreated": "2018-08-02T04:50:25.772Z"
    }
}
```

接下来创建一个版本，它指向一个已经上传到 AWS S3 服务上的静态文件(S3Bucket 名是 bobyuanbucket1，文件名是 software/CounterWebApp.war，它是本书的示例 Web 应用程序)：

```
aws elasticbeanstalk create-application-version \
--application-name CounterWebApp --version-label 1.0 \
--source-bundle S3Bucket=bobyuanbucket1,S3Key=software/CounterWebApp.war
```

屏幕输出如下例：

```
[ec2-user@ip-172-31-86-127 ~]$ aws elasticbeanstalk create-application-version \
> --application-name CounterWebApp --version-label 1.0 \
> --source-bundle S3Bucket=bobyuanbucket1,S3Key=software/CounterWebApp.war
{
    "ApplicationVersion": {
        "ApplicationName": "CounterWebApp",
        "Status": "UNPROCESSED",
        "VersionLabel": "1.0",
        "DateCreated": "2018-08-02T04:51:00.353Z",
        "DateUpdated": "2018-08-02T04:51:00.353Z",
        "SourceBundle": {
            "S3Bucket": "bobyuanbucket1",
            "S3Key": "software/CounterWebApp.war"
        }
    }
}
```

注意，在执行上述命名之前，必须先要上传文件到 AWS S3。其中 bobyuanbucket1 是全局唯一的 Bucket 名称，而 software/CounterWebApp.war 是文件夹和文件名，如图 9.22 所示。

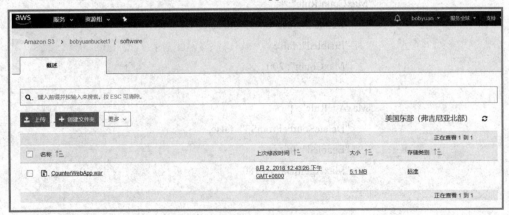

图 9.22 上传文件到 AWS S3

接下来要创建一个运行环境。首先查询一下可选择的 solution-stack：

```
aws elasticbeanstalk list-available-solution-stacks --output text \
--query "SolutionStacks[?contains(@, 'running Tomcat')] | [0]"
```

屏幕输出如下例：

```
[ec2-user@ip-172-31-86-127 ~]$ aws elasticbeanstalk list-available-solution-stacks --output text \
> --query "SolutionStacks[?contains(@, 'running Tomcat')] | [0]"
64bit Amazon Linux 2018.03 v3.0.1 running Tomcat 8.5 Java 8
```

我们可以看到，此命令输出了一行字符串，它是可选择的 solution-stack 名称。

令环境变量 SolutionStackName 等于上述命令的输出字符串，然后创建运行环境。其中，选项"EnvironmentType = SingleInstance"是创建了一个单服务器的虚拟服务器，不带自动扩展的负载均衡命令如下：

```
SolutionStackName="64bit Amazon Linux 2018.03 v3.0.1 running Tomcat 8.5 Java 8"

aws elasticbeanstalk create-environment --environment-name CounterWebAppEnv \
--application-name CounterWebApp \
--option-settings Namespace=aws:elasticbeanstalk:environment,\
OptionName=EnvironmentType,Value=SingleInstance \
--solution-stack-name "$SolutionStackName" \
--version-label 1.0
```

屏幕输出示例如下：

```
[ec2-user@ip-172-31-86-127 ~]$ SolutionStackName="64bit Amazon Linux 2018.03 v3.0.1 running Tomcat 8.5 Java 8"

[ec2-user@ip-172-31-86-127 ~]$ aws elasticbeanstalk create-environment --environment-name CounterWebAppEnv \
> --application-name CounterWebApp \
> --option-settings Namespace=aws:elasticbeanstalk:environment,\
> OptionName=EnvironmentType,Value=SingleInstance \
> --solution-stack-name "$SolutionStackName" \
> --version-label 1.0
{
    "ApplicationName": "CounterWebApp",
    "EnvironmentName": "CounterWebAppEnv",
    "VersionLabel": "1.0",
    "Status": "Launching",
    "EnvironmentArn": "arn:aws:elasticbeanstalk:us-east-1:028174012638:environment/CounterWebApp/CounterWebAppEnv",
    "PlatformArn": "arn:aws:elasticbeanstalk:us-east-1::platform/Tomcat 8.5 with Java 8 running on 64bit Amazon Linux/3.0.1",
```

```
        "SolutionStackName": "64bit Amazon Linux 2018.03 v3.0.1 running Tomcat 8.5 Java 8",
        "EnvironmentId": "e-8njax4vp4a",
        "Health": "Grey",
        "Tier": {
            "Version": "1.0",
            "Type": "Standard",
            "Name": "WebServer"
        },
        "DateUpdated": "2018-08-02T04:52:16.814Z",
        "DateCreated": "2018-08-02T04:52:16.814Z"
    }
```

至此，我们已经创建了一个名为"CounterWebAppEnv"的运行环境，稍后它将自动运行。

用这个命令来检查运行状态：

```
aws elasticbeanstalk describe-environments --environment-names CounterWebAppEnv
```

屏幕输出示例如下(第一次查询时 Status=Launching，而稍后的第二次查询时 Status = Ready 且 Health=Green，说明它已经正常工作了)：

```
[ec2-user@ip-172-31-86-127 ~]$ aws elasticbeanstalk describe-environments --environment-names CounterWebAppEnv
{
    "Environments": [
        {
            "ApplicationName": "CounterWebApp",
            "EnvironmentName": "CounterWebAppEnv",
            "Status": "Launching",
            "EnvironmentArn": "arn:aws:elasticbeanstalk:us-east-1:028174012638:environment/CounterWebApp/CounterWebAppEnv",
            "EnvironmentLinks": [],
            "PlatformArn": "arn:aws:elasticbeanstalk:us-east-1::platform/Tomcat 8.5 with Java 8 running on 64bit Amazon Linux/3.0.1",
            "SolutionStackName": "64bit Amazon Linux 2018.03 v3.0.1 running Tomcat 8.5 Java 8",
            "EnvironmentId": "e-8njax4vp4a",
            "Health": "Grey",
            "AbortableOperationInProgress": false,
            "Tier": {
                "Version": "1.0",
                "Type": "Standard",
                "Name": "WebServer"
            },
```

"DateUpdated": "2018-08-02T04:52:21.637Z",

            "DateCreated": "2018-08-02T04:52:16.801Z"

        }

    ]

}

[ec2-user@ip-172-31-86-127 ~]$ aws elasticbeanstalk describe-environments --environment-names CounterWebAppEnv

    {

        "Environments": [

            {

                "ApplicationName": "CounterWebApp",

                "EnvironmentName": "CounterWebAppEnv",

                "VersionLabel": "1.0",

                "Status": "Ready",

                "EnvironmentArn": "arn:aws:elasticbeanstalk:us-east-1:028174012638:environment/CounterWebApp/CounterWebAppEnv",

                "EnvironmentLinks": [],

                "PlatformArn": "arn:aws:elasticbeanstalk:us-east-1::platform/Tomcat 8.5 with Java 8 running on 64bit Amazon Linux/3.0.1",

                "EndpointURL": "18.211.14.103",

                "SolutionStackName": "64bit Amazon Linux 2018.03 v3.0.1 running Tomcat 8.5 Java 8",

                "EnvironmentId": "e-8njax4vp4a",

                "CNAME": "CounterWebAppEnv.2vtemieqq7.us-east-1.elasticbeanstalk.com",

                "AbortableOperationInProgress": false,

                "Tier": {

                    "Version": "1.0",

                    "Type": "Standard",

                    "Name": "WebServer"

                },

                "Health": "Green",

                "DateUpdated": "2018-08-02T04:55:01.725Z",

                "DateCreated": "2018-08-02T04:52:16.801Z"

            }

        ]

    }

我们用浏览器上访问上述 "EndpointURL" 的地址("/" 或者 "CounterWebApp"),发现可以正常访问了,如图 9.23 和图 9.24 所示。

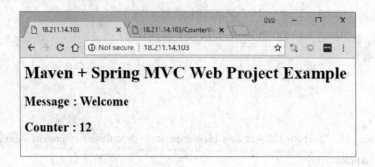

图 9.23　浏览器访问服务之一

图 9.24　浏览器访问服务之二

　　以上是通过命令行的方式创建 Web 应用程序的步骤。当然，通过 GUI 页面操作也可以执行部署，但是，为了让一切自动化成为可能，我们必须选择命令行方式。

　　回到 Elastic Beanstalk 的图形界面里，我们可以找到这个应用程序，如图 9.25 和图 9.26 所示。

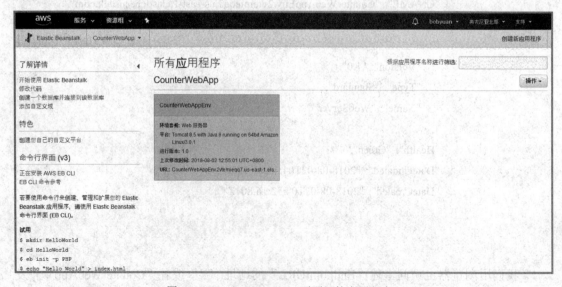

图 9.25　Elastic Beanstalk 页面里的应用程序

图 9.26　CounterWebAppEnv 的详细信息

CounterWebAppEnv 也是一个 EC2 的实例，在 EC2 实例的页面中可以找到它，如图 9.27 所示。

图 9.27　CounterWebAppEnv 在实例列表中

9.2.5　云架构与最佳实践

2008 年亚马逊官方发布的云架构白皮书里面提到了一个 GrepTheWeb 的工程实例。它描述了一个基于 Hadoop 开发的云应用，在它的架构里采用了亚马逊的 S3、EC2、SQS(Simple Queue Service，消息队列服务)和 SimpleDB(NoSQL 数据库存储)等服务。通过这个实际的工程案例，我们可以学习到基于 AWS 的云应用架构和最佳实践的知识。

亚马逊的 GrepTheWeb 是一个云应用，它的功能类似于 Linux 上的"Grep"命令，即通过大数据分布式存储海量网页内容，响应用户输入的正则表达式查询请求，返回一个压缩包，压缩包中是符合查询条件的网页。

亚马逊的 GrepTheWeb 云架构如图 9.28 所示。

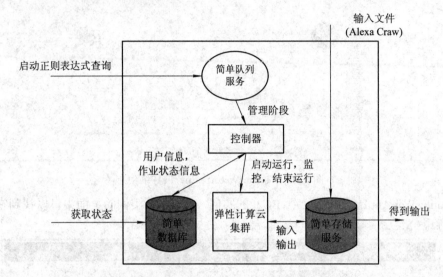

图 9.28　亚马逊的 GrepTheWeb 云架构总览

放大后，架构如图 9.29 所示。

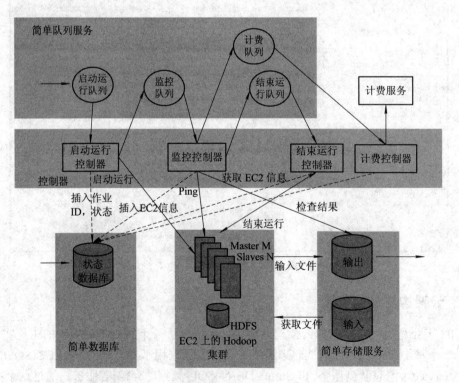

图 9.29　亚马逊的 GrepTheWeb 云架构详细图

在 GrepTheWeb 的架构里可以看到消息队列的充分使用。如果忽然间有大量的请求到达服务器，例如高峰时段突发的过载情况，或者内部处理花费了大量的时间，例如某个组件响应迟钝，Amazon SQS 将作为缓冲区缓存这些请求，使某个组件的延迟不会影响到其他组件(后续组件处于等待上游数据输入的闲置状态)，提高整体的处理效率。

AWS 提供了特殊的策略来实施这一最佳实践：

(1) 使用 Amazon SQS 来隔离组件。

(2) 使用 Amazon SQS 作为组件间的缓冲区。

(3) 设计的每个组件暴露其服务接口，负责其自己的可扩展性，并与其他组件进行异步交互。

(4) 设计组件的逻辑结构并制成 Amazon Machine Images(AMI)，以便可以随时部署。

(5) 使应用尽可能无状态化，将会话的状态存储在组件的外部(例如 SimpleDB)。

1. 实现弹性

云计算为云应用带来了"弹性"的概念。有三种方法实现弹性：

(1) 周期性主动扩展：固定时间周期性地扩展，如按天、周、月、季度。

(2) 基于事件的主动扩展：根据安排好的商务活动(新品发布、市场宣传活动)所期望的请求流量预估而做的扩展。

(3) 按需自动扩展：通过监控服务的使用，系统可以根据相关指标触发，例如一个实例服务器或者网络 IO 的使用情况，适当地动态调整系统性能。

为了实现弹性，首先要做到自动化部署、流水线配置和构建流程，这样可以保证在没有人工参与的情况下自动地实现系统的扩展。这能够节约成本，保证资源与需求高度匹配，而不需为了考虑潜在需求让服务器在低利用率上运行。

2. 基础设施自动化

使用云环境很重要的一个优势就是能够使用 API 完成自动化部署。在迁移到云平台的早期花时间考虑自动化部署是非常值得的。创建一个可以自动化的部署流程能够减少意外错误，有效地实现扩展和升级。

自动化部署流程：

(1) 建一个库：频繁使用的小脚本用于安装和配置。

(2) 使用 AMI 内绑定的代理来管理配置和部署流程。

(3) 实例自举。

3. 实例自举

让实例在启动的时候确定"我是谁，我的角色是什么？"每个实例都应该在系统环境中扮演一个角色，例如"DB Server""App Server""Slave Server"等。这个角色可以在实例启动过程一开始作为参数传递给它，用来指示实例化的后续步骤。在启动时，基于角色和所关联的功能，实例可以获取所需的资源，如代码、脚本或配置文件等。

实例自举的好处是：

(1) 少量操作即可完成不同环境(开发、测试、生产)的重建。

(2) 实现对抽象云资源的更多控制。

(3) 减少人为部署的错误。

(4) 创建了一个自愈环境，对硬件故障而言更有可恢复性。

AWS 提供了基础设施自动化的相关策略：

(1) 使用 Amazon EC2 中的 Auto-scaling 特性为不同的集群定义 Auto-scaling 群组。

(2) 使用 Amazon CloudWatch 来监控系统指标，如 CPU、内存、磁盘 IO、网络 IO 等，然后采取合适的操作，例如使用 Auto-scaling 服务动态启用新的 AMI 或者发通知。

(3) 动态存储和恢复配置信息：利用 Amazon SimpleDB 在实例启动时获得配置数据。SimpleDB 也可以用来存储实例的 IP 地址、机器名和角色等信息。

(4) 设计一个构建流程将云应用程序最新版本的发行包存入 Amazon S3，从而在系统启动的时候加载最新的版本。

(5) 构建资源管理工具，如自动化脚本和配置好的镜像，或者使用开源的配置管理工具(如 Chef、Puppet、CFEngine、Genome 等)。

(6) 将裁减的操作系统和软件依赖绑定并放入 AMI 中，这样便于管理和维护。在启动时传递配置文件和参数，启动后获得用户和实例的相关数据。

(7) 将一个实例管理一个或多个 EBS 卷可以减少绑定和启动的时间。创建通用卷快照，可以在合适的时候共享这些快照。

(8) 假定应用组件处于不良状态。例如，动态绑定一个新节点的 IP 到集群中，系统应该能够自动故障切换以及故障发生时启动一个新的克隆节点。

4．并行化思考

云计算能够轻松实现并行化。无论是从云中请求数据、将数据存储到云中，或是在云中处理数据(执行作业)。在架构设计云应用时一定要将并行化牢记于心。

由于云计算可以非常容易地创建可重复使用的操作流程，所以既要尽可能地实现并行化，还要让它能够自动化执行。

发起访问请求的时候，云环境可以处理大量的并行操作。为了得到最大的系统性能和吞吐量，需要充分利用并行化。多线程并发请求处理要比顺序化请求处理快得多。因此，尽可能地使用非共享原则，充分利用多线程来设计线程安全的云应用。

在云端处理请求的时候，并行处理非常重要。在 Web 应用中，一个通常的最佳实践是使用负载均衡将请求分布到多个异步的 Web 服务器中。在批处理应用中，可以使用多个子服务节点来处理并行化任务。

并行化和弹性相结合体现了云计算之美。云应用使用少量的 API 在几分钟内就可完成计算集群的部署，并行地处理任务、保存结果和终止实例。

AWS 面向并行化的相关策略：

(1) 对 Amazon S3 的多线程化。

(2) 对 SimpleDB 的 GET 和 BATCHPUT 请求多线程化。

(3) 对每日的批处理任务(索引、日志分析等)，使用 Amazon EMR(Elastic MapReduce) 创建作业任务，能够并行处理并节约时间。

(4) 使用弹性负载。

5．动静分离

一般来说，让数据尽可能靠近我们的计算或处理单元，以减少延迟是一个好做法。在云计算中，由于必须经常处理互联网延迟，这一实践显得更加重要。此外，在云环境中，我们必须要为数据传输的带宽付费，成本开销可能很大。

如果大量数据需要在云计算之外处理，先传输到本地再计算可能比较便宜。例如，对于一个数据仓库的应用而言，最好是将数据集先迁移到云，然后执行并行数据查询。对于一个从关系型数据库存取数据的 Web 应用，最好也是将数据库和应用服务器一并移到云环境中。如果数据是在云端产生的，则消耗该数据的应用程序也应该部署在云中，以便它们可以享受在云环境内部的免费数据传输和低时延。例如，在一个电商应用中记录点击数据并生成日志的情况下，最好在云中运行日志分析和报表引擎。

相反地，如果数据是静态的，不经常改变(例如图像、视频、音频、PDF 文件、JS 脚本、CSS 文件等)，最好是利用 CDN 服务的优点。内容分发服务提供更快的数据访问，使得静态数据被高速缓存在靠近最终用户(请求者)的网络位置，从而降低了访问时延。

AWS 针对这一最佳实践的相关策略是：

(1) 使用导入/导出服务将数据盘迁移到云环境中，用 sneakernet (俚语，指用物理介质如磁带、硬盘、光碟等实物来人工搬运数据)比互联网上传更快捷而且便宜。

(2) 使用相同的可用区域来发布集群。

(3) 创建一个 Amazon S3 数据发布版本，充分利用 Amazon CloudFront 在全球 14 个地区的 CDN 服务。

6. 关于安全的最佳实践

在多租户环境中，云计算架构必须慎重考虑安全性。安全应在云应用体系结构的每一层中都有体现。物理安全性通常由服务提供商来保障(参考他们的安全白皮书)，这是使用云的一个额外好处。网络和应用级的安全则是我们自己的责任，应该采用业务实施最佳实践。在下面的内容中，我们将了解在 AWS 环境中如何保护云应用程序的一些工具、功能特性和准则。建议利用这些工具，实现基本安全功能，然后采用适当的标准方法或其他合适的安全性最佳实践。

1) 保护在途数据

如果需要在服务器和浏览器中交互敏感和机密信息，最好在服务器实例中配置 SSL，需要使用像 VeriSign 或 Entrust 这样的授权证书。证书中的公钥来验证服务器和浏览器请求，并作为双向会话数据加密的基础。

通过少量的命令行调用就可以创建虚拟私有云(使用 Amazon VPC)。这样可以在云环境内实现资源的逻辑隔离，然后使用业界标准的 IPSec VPN 连接来直接访问资源，也可以在 Amazon EC2 上建立一个 OpenVPN 服务器，然后在所有用户 PC 上安装 OpenVPN 客户端。

2) 保护存储的数据

为了保护云环境中存储的敏感或机密数据的信息安全，需要在上传文件一开始就进行加密。例如，我们可以使用任何开源工具(如 PGP)或者商用工具加密后再存储到 Amazon S3 上，需要使用时，下载再进行解密。

在 Amazon EC2 上，文件加密依赖于操作系统。运行在 Windows 上的 Amazon EC2 实例可以使用内置 EFS (Elastic File System，提供简单、可扩展的弹性文件存储)特性。该特性可以对文件或目录自动加解密，对用户而言是透明的。需要注意的是，EFS 不能加密整个

文件系统而只是加密单个文件。如果对这个文件系统加密，需要考虑开源的 VeraCrypt 产品
(这是 TrueCrypt 的替代品)。它与 NTFS 格式 Amazon EBS(Elastic Block Store)卷集成得很
好。运行在 Linux 上的 Amazon EC2 实例可以使用各种方式加密文件系统来挂载 EBS 卷
(EncFS、Loop-AES、dm-crypt、VeraCrypt)。类似的，运行在 OpenSolaris 上的 Amazon EC2
实例可以尝试 ZFS 加密支持。无论选择的是什么，在 Amazon EC2 上加密的文件和卷都可
以保护文件和日志数据，从而只有用户和服务器上进程可以看到明文，其他都只能看到
密文。

　　不论选择了什么样的技术或操作系统，加密数据都必须面对一个挑战：管理用来加密
的密钥。如果密钥丢失，将永远失去我们的数据，如果密钥泄露，数据同样存在风险。因
此，要认真研究所选产品的密钥管理能力，最小化地减少密钥丢失的风险。

　　除了保护数据不被泄露，也要考虑保护其免受灾难风险。我们可以对 EBS 卷定期保存
快照，以确保它有多个历史拷贝。快照是渐进式的，存储在 Amazon S3 上，它会分布存储
于多个不同地理位置，点击几次鼠标或执行几条命令即可完成数据恢复。

　　3) 保护 AWS 凭据

　　AWS 提供了两种类型的安全凭据：AWS 访问密钥和 X.509 证书。AWS 访问密钥有两
部分：密钥 ID 和安全密钥。当使用 REST 或 Query API 时，必须使用安全密钥在请求验证
中计算签名。为了防止在传输中被篡改，所有的请求应通过 HTTPS 发送。

　　如果 AMI 需要与其他的 AWS 云服务通信(例如轮询 Amazon SQS 或者从 Amazon S3
中读取数据)，一个典型错误是将 AWS 凭据嵌入到 AMI 中，正确方法应该是在发送前传递
参数。

　　如果安全密钥被破坏，应该通过新的密钥 ID 获得新的安全密钥。作为一个好的实践，
建议在应用程序架构中采用密钥轮换机制，定期更换新密码，或者在例外情况下(当心怀不
满的雇员离开公司)更换，以确保受损密钥不能再继续使用。

　　另一种方式是采用 X.509 证书来使用特定的 AWS 服务。证书文件在 base64-encoded
DER 证书主体中包含了公钥，另一个文件包含了 base64-encoded PKCS #8 私钥。在
aws.amazon.com 和 AWS Management Console 中，AWS 还支持多因素用户身份验证。

　　4) 在 IAM 中管理用户权限

　　AWS IAM 能够在 AWS 账号内管理多个用户的权限。一个用户(在 AWS 账号内)是访问
AWS 云服务的唯一安全身份。IAM 取消了密码和访问密钥的共享，可以方便地开通或禁止
用户访问。

　　IAM 是实现安全性的一个最佳实践，例如通过授权实现最低访问权限，只有通过授权
的用户才能访问 AWS 服务和资源。IAM 是默认安全的，新用户没有被准确授权的话是无
法访问 AWS 服务的。

　　IAM 原生集成了大多数的 AWS 云服务。IAM 的 API 不会变化，应用和工具在权限变
化时仍可以运行。应用只需要在开始时为新用户生成访问密钥。当与其他 AWS 服务交互的
时候，应该最小化地使用 AWS 的账号凭据，这样才能享受 IAM 带来的好处。

　　5) 应用安全

　　安全组是网络流量入口规则的集合，需要指定 TCP 和 UDP 端口、ICMP 类型和代码，

以及源地址等，每个 Amazon EC2 实例都被一个或多个安全组所保护。安全组为运行实例提供基本的类似防火墙保护。例如，隶属应用的实例有如下的安全组设置：

限制呼入流量的另一种方式是配置实例的软件防火墙。Windows 实例有内置的防火墙，Linux 实例使用 netfilter 和 iptables。

随着时间的推移，如果在软件中发现错误，需要打补丁来修复，应该保障下面的措施保障应用的安全：

(1) 定期从供应商的网站下载补丁并更新到 AMI 中。

(2) 重新部署新 AMI 实例和测试应用程序，以确保补丁不破坏任何原有的功能，同时确保最新的 AMI 部署到全部的实例。

(3) 开发测试脚本自动化地定期进行安全检查。

(4) 确保第三方软件配置为最安全的设置。

(5) 除非绝对必要，否则永远不要以 root 或管理员身份运行进程。

所有在云时代之前的安全实践标准依然适用，例如采用良好的编码习惯、隔离敏感数据等。

综上，云技术简化了物理安全的复杂性，通过工具控制和相关特性可以确保应用程序安全。

7. 未来的方向

应用不用关心底层物理硬件的时代并不遥远。我们最好能够只管理抽象的计算、存储和网络资源，而不是物理服务器。即使底层物理硬件发生故障被拆除或更换，应用程序都将继续运行。应用程序将适应不断变化的需求模式，瞬间自动调配资源，从而在所有运行时间内达到最高的利用率水平。扩展性、安全性、高可用性、容错性、可测性和弹性都是应用架构的基本配置属性，而且在平台构建时已经内置了这些特性。

当然，上述是理想状态，我们现在还未达到那样的高度。现在，我们可以通过本章的最佳实践来建立云应用，具备部分或全部这些特性。基于云计算架构的最佳实践还在继续发展，我们应该关注和应用这些知识、构建工具、技术和流程，让开发人员在云计算环境中更加轻松和得心应手。

本节为 AWS 云应用提供了设计其架构的参照性指导。

通过最佳实践，例如设计时就考虑到各种失败情况、程序组件解耦合、理解与实现弹性、弹性与并行计算结合，并在应用程序架构的各个层面整合安全，我们了解到构建高可扩展性的云应用程序时所必要的设计要素。

AWS 云服务提供了高度可靠的按使用付费的基础设施。我们最好充分发挥这些商业服务的特性，站在巨人的肩膀上，利用它们来设计我们的云应用。

9.3　微软 Azure

Azure 是微软的云服务。

当我们访问它的国际网站时可以看见一个醒目的红色标题提示，如图 9.30 所示。

图 9.30　微软 Azure 网站提示

提示中所指的 Azure 中国区服务网站，因中国国内法律和监管要求，是单独的网站。我们可以从中国区网站虚拟机的价格看到，服务器可以选择的地区仅限于国内，如图 9.31 所示。

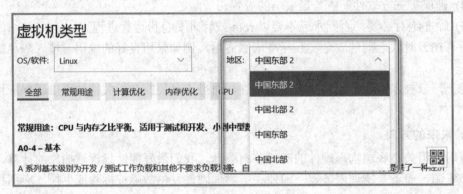

图 9.31　微软 Azure Linux 服务器地址(中国境内)

Azure 国际网站的选择项很多，分布于世界各地，如图 9.32 所示。

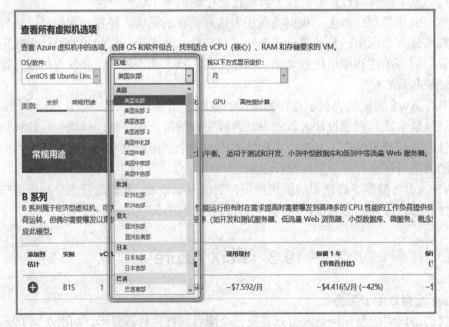

图 9.32　微软 Azure Linux 服务器地址(国际)

用于常规用途的 B 系列经济型 Linux 虚拟机，即 CPU 与内存之间配比平衡， 适用于测试和开发小到中型数据库和低到中等流量 Web 服务器。这种虚拟机的价格，在国际网站中，最基础的"B1S"实例现用现付的定价是 7.592 美元每月，按 6.8 汇率换算约合人民币 51.6 元每月；最优惠的保留 3 年实例的价格约 2.8616 美元每月，约合人民币 19.5 元每月。如图 9.33 所示。

B 系列

B 系列属于经济型虚拟机，可为通常以低到中等基准 CPU 性能运行但有时在需求提高时需要爆发到高得多的 CPU 性能的工作负荷提供低成本选项。这些工作负荷无需 CPU 始终满负荷运转，但偶尔需要爆发以更快完成某些任务。许多应用程序（如开发和测试服务器、低流量 Web 浏览器、小型数据库、微服务、概念验证服务器、生成服务器和代码存储库）均适应此模型。

添加到估计	实例	vCPU	RAM	临时存储	现用现付	保留 1 年（节省百分比）	保留 3 年（节省百分比）
➕	B1S	1	1 GiB	4 GiB	~$7.592/月	~$4.4165/月 (~42%)	~$2.8616/月 (~62%)
➕	B1MS	1	2 GiB	4 GiB	~$15.111/月	~$9.8331/月 (~35%)	~$6.3583/月 (~58%)
➕	B2S	2	4 GiB	8 GiB	~$30.368/月	~$17.7536/月 (~42%)	~$11.4464/月 (~62%)
➕	B2MS	2	8 GiB	16 GiB	~$60.736/月	~$35.5802/月 (~41%)	~$22.8636/月 (~62%)
➕	B4MS	4	16 GiB	32 GiB	~$121.18/月	~$71.0801/月 (~41%)	~$45.7199/月 (~62%)

图 9.33 微软 Azure 服务器系列 B (国际)

Azure 中国国内网站价格显示，同类型"B1S"实例的价格约 89.28 元每月，比国际网站的费用高了不少，且"临时存储"的容量还减少了一半，如图 9.34 所示。

B 系列

B 系列属于经济型虚拟机，可为通常以低到中等基准 CPU 性能运行但有时在需求提高时需要爆发到高得多的 CPU 性能的虚拟机工作负荷提供低成本选项。这些工作负荷无需 CPU 始终满负荷运转，但偶尔需要爆发以更快完成某些任务。许多应用程序（如开发和测试服务器、低流量 Web 浏览器、小型数据库、微服务、概念验证服务器、生成服务器和代码存储库）均适应此模型。

*以下价格均为含税价格。

*每月价格估算基于每个月 744 小时的使用量。

实例	内核数	RAM	临时存储	价格
B1S	1	1.00 GiB	2 GiB	￥ 0.12/小时（约 ￥ 89.28/月）
B2S	2	4.00 GiB	8 GiB	￥ 0.48/小时（约 ￥ 357.12/月）

图 9.34 微软 Azure 服务器系列 B (中国境内)

显然，如果我们申请的虚拟机不是仅服务于中国境内的客户，就应该选择在 Azure 国际网站申请。

9.3.1 新用户的免费账户

为了让用户体验 Azure 提供的各项云服务，新用户可以注册申请 Azure 免费账户，获得 12 个月免费访问虚拟机及 30 天的 200 美元信用额度，如图 9.35 所示。

举个例子，就拿"热门免费服务"中的 12 个月虚拟机服务来说，经济型"B1S"实例有 2 款，分别是操作系统为 Linux 和 Windows 的虚拟机，如图 9.36 所示。

图 9.35 微软 Azure 免费账户的权益

图 9.36 微软 Azure 免费账户的虚拟机

其中显示的"750 小时数"是指每月 750 小时，按每天 24 小时计算是 31.25 天，也就是说在整个 12 个月期间内都可以免费使用一台虚拟机，即可以免费使用整一年。如果是多台虚拟机，就可以自行按每月"750 小时数"的额度来计算免费使用的时长。

9.3.2 Azure 与 AWS 价格对比

具体的定价，考虑到有可能调整，应以官方网页发布的信息为准。其中，AWS EC2 Linux 按需定价如图 9.37 所示。

Linux	RHEL	SLES	Windows	Windows with SQL Standard		Windows with SQL Web	
Windows with SQL Enterprise		Linux with SQL Standard		Linux with SQL Web		Linux with SQL Enterprise	

Region: US East (Ohio)

	vCPU	ECU	Memory (GiB)	Instance Storage (GB)	Linux/UNIX Usage
General Purpose - Current Generation					
a1.medium	1	N/A	2 GiB	EBS Only	$0.0255 per Hour
a1.large	2	N/A	4 GiB	EBS Only	$0.051 per Hour
a1.xlarge	4	N/A	8 GiB	EBS Only	$0.102 per Hour
a1.2xlarge	8	N/A	16 GiB	EBS Only	$0.204 per Hour
a1.4xlarge	16	N/A	32 GiB	EBS Only	$0.408 per Hour
t3.nano	2	Variable	0.5 GiB	EBS Only	$0.0052 per Hour
t3.micro	2	Variable	1 GiB	EBS Only	$0.0104 per Hour
t3.small	2	Variable	2 GiB	EBS Only	$0.0208 per Hour
t3.medium	2	Variable	4 GiB	EBS Only	$0.0416 per Hour
t3.large	2	Variable	8 GiB	EBS Only	$0.0832 per Hour

图 9.37 AWS EC2 Linux 虚拟机价格表

Azure B 系列的 Linux 虚拟机定价如图 9.38 所示。

图 9.38 Azure B 系列 Linux 虚拟机价格表

一般认为，Azure 使用微软自家的 Windows 操作系统，不需要付费，而 AWS 则需要向微软购买 Windows 操作系统的使用授权。因此，若选择使用 Windows 虚拟机，则应当优先考虑 Azure。

除了价格因素，还有虚拟机所处的地理区域，预留实例的时间长度，服务器 CPU、内存、硬盘存储、网络带宽等硬件配置，网络性能等诸多考量因素。总之，我们需要根据自身实际需求来选择。

9.4 阿 里 云

阿里云成立于 2009 年，目前是国内最大的云服务提供商。

阿里云的数据中心分为国内地域和国际地域两部分。在其官方网站上的介绍如图 9.39 所示。

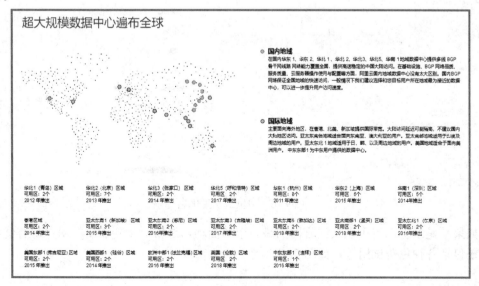

图 9.39 阿里云数据中心分布

国内地域的数据中心适合部署服务于国内用户的网站，访问速度快。但因法律的原因，网站需要备案和审查，网站运行中不允许出现敏感词。国际地域的数据中心适合部署服务于国外用户的网站，当然，国际地域可供我们选择的云平台就更多，例如亚马逊云、微软 Azure 等。

阿里云国内地域服务器需要备案，包括国内的华东、华北、华南，都是国内服务器，而国际地域不需要备案，包括香港服务器，购买后可直接使用。

阿里云对学生有优惠。云翼计划提供了学生优惠产品的详细信息，这里可以看到注册流程，以及每月 9.5 元的"轻量应用服务器"配置。在校学生在完成学生认证后，在整个在学期间都可以享受，可以用它来做云应用实验，熟悉阿里云服务器的操作与使用，如图 9.40 所示。

图 9.40　阿里云学生优惠

如果不是学生，也可以关注官网的最新市场活动，通常对于新注册的用户都有优惠措施，还包括各种免费试用等，如图 9.41 所示。

图 9.41　阿里云市场活动

阿里云登录以后，即可进入到管理控制台。在这里可以一站式管理账号内的云资源，如图 9.42 所示。

图 9.42　阿里云管理控制台

首次注册阿里云后，及时完成实名认证，可以领取免费产品。免费产品都是入门级产品，包括云服务器 ECS(弹性可伸缩的计算服务)、云数据库 RDS(MySQL，SQL Server，PostgreSQL 等高性能关系型数据库)和短信服务(支持国内和国际快速发送验证码、短信通知和推广短信，服务范围覆盖全球 200 多个国家和地区)。

可以选择"开发者专享"的 0 元试用，免费体验一个月，如图 9.43 所示。

图 9.43　阿里云免费产品

阿里云大学提供了许多免费和收费的学习资源，还包括阿里的考试认证等其他资源。

9.5　其　　他

下面介绍一些涉及云服务的其他一些重要概念。

9.5.1　VPS

VPS(Virtual Private Server，虚拟专用服务器)技术，是将一台服务器分割成多个虚拟专享服务器的优质服务。实现 VPS 的技术分为容器技术和虚拟化技术。在容器或虚拟机中，每个 VPS 都可分配独立公网 IP 地址、独立操作系统，实现不同 VPS 间磁盘空间、内存、CPU 资源、进程和系统配置的隔离，为用户和应用程序模拟出"独占"使用计算资源的体验。VPS 可以像独立服务器一样，重装操作系统，安装程序，单独重启服务器。VPS 为使用者提供了管理配置的自由，可用于企业虚拟化，也可以用于 IDC(Internet Data Center，互联网数据中心)资源租用。IDC 资源租用，由 VPS 提供商提供。不同 VPS 提供商所使用的硬件，VPS 软件的差异，以及销售策略的不同，VPS 的使用体验也有较大差异。尤其是 VPS 提供商超售，导致实体服务器超负荷时，VPS 性能将受到极大影响。相对来说，容器技术比虚拟机技术硬件使用效率更高，更易于超售，所以一般来说容器 VPS 的价格都高于虚拟机 VPS 的价格。

关于超售：假设宿主机有 16 GB 内存，但开出 20 台 1 GB 内存的 VPS，都卖出去了；而这 20 台 VPS 里都显示 1 GB 内存，这就是超售。

VPS 主机以最大化的效率共享硬件、软件许可证以及管理资源。每个 VPS 主机都可分配独立公网 IP 地址、独立操作系统、独立存储空间、独立内存、独立 CPU 资源、独立执行程序和独立系统配置等。VPS 主机用户除了可以分配多个虚拟主机及无限企业邮箱外，更具有独立主机功能，可自行安装程序，单独重启主机。

简而言之，VPS 就是一台拥有公网 IP 的虚拟服务器。

1. 优势

VPS 服务器是一种介于传统虚拟主机(Virtual Hosts)和专用服务器(Dedicated Server)之间的特殊服务器托管技术，它通过特殊的服务器管理技术把 一台大型 Internet 主机虚拟化成多个具有独立 IP 地址的服务器系统，这些系统无论从性能、安全及扩展性上同独立服务器没有实质性的差别，而费用仅相当于租用独立服务器的 1/4 或 1/5，并且无须额外支出后续的硬件维护管理成本。

VPS 服务器拥有传统虚拟主机所不具备的系统独立管理权，解决了那些既需要独立主机性能、财力又不够充裕的网站的运营发展问题，无疑是一种比较实惠的选择。

与传统的虚拟主机相比，VPS 服务器由于不是采用大量虚拟主机共享同一个主机硬件资源的形式，因此在带宽、速度、网站和邮件的安全性等方面都具有较为明显的优势，并且支持超级管理员实现有效的远程管理，使企业能够更加有效地控制自己购买的应用程序、数据库等互联网资源。

做一个形象的比喻：采用虚拟主机的企业就象住进了集体宿舍，虽然拥有自己的床位，却无法避免由于过度拥挤而带来的困扰；而采用 VPS 服务器的企业就好比住进了独立的单元，虽然与其他单元的住户仍旧共享一些重要的公用设施(CPU 和总线)，但安全性和方便程度已经大大地改善了。

VPS 服务器是继独立服务器租用服务之后，为迫切需要更完善的电子商务平台、而又不愿租用昂贵的独立服务器的企业架构了一种全新的互联网业务模式，尤其是对迫切需要互联网服务的中小企业而言，具有非常高的实用商业价值。

优势分析：

(1) 提高安全性。众所周知，共享 IP 就是几个 VPS 共用同一个 IP 地址，如果其中一个客户的网站由于某种原因被关闭(屏蔽)或者受到攻击的时候，就会因为共享的原因而受到连累。要避免这种情况出现唯一的方法就是使用自己的独立 IP。

(2) 推广优势。如果网站使用自己的独立 IP，搜索引擎会认为这是独立的网站，对其收录及权重的提高都有帮助。

(3) 增强电子资料保密性。当你使用独立 IP 时，可以开通 SSL 保密数据传送协议，有效地避免了数据中途被窃取，提高了信息安全性。

(4) 可使用域名泛解析。在网站的实际访问过程中，由于用户的错误输入导致无法正常访问的情况时有发生。当你使用独立 IP 时，就可以使用域名的泛解析来解决这个问题，从而提升网站的流量。

(5) 可通过 IP 直接访问网站，当你使用独立 IP 时，用户可以通过 PING 你的 IP 而直接访问你的网站，而不需要通过域名，这是一种企业实力的体现。

2. 劣势

由于 VPS 是在一台独立的物理服务器上通过软件虚拟出的多个虚拟主机，所以当其中的一台 VPS 受到攻击或占用大量宽带资源时，其余的 VPS 也会受到影响。如果因为一台 VPS 被黑客入侵造成服务器瘫痪，那么其他的 VPS 也不能正常工作了。

劣势分析：

VPS 和云主机都是虚拟主机。

云主机就是在 VPS 的技术上再加上一个云的概念。简单地说，云计算是把计算任务发放给每一台计算机，每台计算机计算出结果之后再提交上去，从而实现快速大量的计算。云主机把用户的各种资料储存在一个相当于服务器集群的地方，这样即使有一台服务器挂起也不会影响用户正常的使用。从技术上来说云主机是 VPS 的进步。不过中国的云技术发展还不是很成熟，真正使用云技术的主机比较少。而且就用户需求方面来看，VPS 已经完全可以满足大部分用户需求，并且 VPS 技术在国内已经相当成熟。

下面对比一下传统虚拟主机、VPS 服务器和实体服务器之间的差别(见表 9.1)。

表 9.1　传统虚拟主机、VPS 服务器和实体服务器对比

	传统虚拟主机	VPS 服务器	实体服务器
性能	通常较差	通常较好，可升级扩充	好
技术门槛	低	较高	更高，包括硬件维护
内存	完全共享	独立，数百兆(MB)到数吉(GB)都有	完全独立，由服务器硬件决定，可添加
硬盘空间	共享，容量通常较小	独立，较大	完全独立，可添加
CPU	通常限制较多，不能运行耗费资源大的程序	有一定限制	由服务器硬件决定，完全独占
带宽	共享带宽，容易受其他站点影响	相对独立，一般有保障带宽	大，由接入网络决定
流量	一般较少	较大	大，由接入网络决定
运行速度	通常慢	较快	快
站点隔离性	很差	好	完全隔离
稳定性	通常较差	一般较好，前提是系统要正确配置	完全依赖配置，包括硬件软件配置
功能限制	非常多	很少	几乎没有
灵活性	几乎根本没有	灵活	灵活
可控性	较少	很大	完全可控
安全性	较差，主要由主机商负责	高，主要靠自行管理	高，完全自行管理
操作简便性	简单	较复杂	较复杂
功能丰富程度	十分单一	丰富，自由定制	丰富，完全自由定制
IP 地址	通常共享，部分主机商提供独立 IP	独立 IP，可增加 IP	独立 IP，可增加 IP

续表

	传统虚拟主机	VPS 服务器	实体服务器
可扩充性	差，通常只能扩充硬盘空间、流量	较好，非常方便	麻烦
迁移便捷性	要手工逐个备份站点文件及数据库等，恢复亦然	方便，所有文件都可打包压缩，包括配置文件，传到新环境下稍做修改甚至不用修改就可用；有些主机商甚至可以对整个系统直接搬迁	靠搬迁机器硬件设备实现
适用范围	入门级站长、小型个人网站、小型公司网站	有一定经验的站长，爱折腾的玩家，有特殊网络服务要求者，模拟实践实体服务器管理者，访问量较大的中小公司网站	大中型网站，有特殊网络服务要求者

3. 选购

我们选购 VPS 时，要重点考察以下几个技术参数：虚拟化技术、操作系统、内存大小、硬盘容量、每月流量、独立 IP 个数、服务器所在地、ping 值等。

VPS 服务器可以承载所有的主机类型的应用，而且经过测试 VPS 主机可以承载 Oracle、MySQL、SAP、IBM WebSphere 等多种大型应用。尽管如此，对 VPS 的使用不是无限制的，它受到了服务商的 TOS(用户协议)以及当地法律的约束，在购买 VPS 时，必须考虑到具体的使用用途，并且对用途进行预判，看看是否会违反使用限制。在使用过程中，如果违反用户协议或者当地法律，VPS 可能会被直接关闭，甚至数据都无法取回，造成损失。当然也有例外，有些国内的服务商以及在荷兰注册的一些互联网企业，他们的使用限制就较少，用起来会比较自由。

VPS 本质上就是虚拟机，都是在一定的虚拟化技术上构建的。目前用得最多的虚拟化技术是 Xen、OpenVZ、Hyper-V、VMWare。其中 Hyper-V 是微软自家的虚拟化技术，只能在 Windows 上运行，也就是一般买 Windows 系统的 VPS 时，很可能用的是 Hyper-V。VMWare 虚拟化技术被国内的一些较小主机商所采用，运行于 Windows 或 Linux 的主机上。另外两种(Xen 和 OpenVZ)都是主要用于 Linux 的虚拟化技术。

其中 OpenVZ 是基于操作系统的虚拟化技术，其运行效率跟真机(实体服务器)几乎一样。不过，VPS 的性能都是来自于宿主机的，因为宿主机上有很多 VPS，每个 VPS 可以获得的资源事实上并不很高，具体要看宿主机本身硬件性能如何、上面运行了多少个 VPS。OpenVZ 容易被超售。

Xen 是一种称为半虚似化的技术，性能比真机有所损失，但虚拟出来的系统跟真机相似度极高，有 swap(虚拟内存)，不容易超售。在 Xen 上的 Linux，可以更换或升级内核。

一般来说，大家都认同以下观点：

(1) 购买同等配置的 VPS，Xen 的性能要明显优于 OpenVZ。最主要的原因就是超售问题(几乎找不到不超售的 OpenVZ VPS)。

(2) 512 MB 的 Xen VPS，其内存性能比 1 GB 的 OpenVZ VPS 的好，甚至是远超。

(3) OpenVZ VPS 内存用完时，系统就只能重启了，因为这时远程 SSH 连接也无法建立；而 Xen VPS 还有 swap 可用，通常不至于要重启。

(4) 在价格方面，Xen VPS 远远高于 OpenVZ VPS。

VPS 上常用的操作系统是 Linux(有多种发行版)、FreeBSD、Windows Server 等。一般来说，VPS 的操作系统不是自由安装的，Linux 系列的 VPS 可以安装多个 Linux 发行版，但不能装 Windows；相对的，Windows 系列 VPS 也不能改装 Linux。这点在购买时要首先考虑清楚。

大多数情况，推荐使用 Linux，它效率高，对硬件配置要求低；安全性高；不需要运行图形界面，可以自由精简不必要的功能，节约下来的系统资源用来运行应用程序；有丰富多样的网络应用软件，有些软件根本没有 Windows 版，或者 Windows 版效果不佳；费用或成本低。

Linux 有很多不同的发行版，用得最多的是 Redhat 系列(代表有 Redhat、CentOS、Fedora)与 Debian 系列(代表有 Debian、Ubuntu)，在 VPS 上用得多的主要是 CentOS、Ubuntu；其他常见的还有 Arch、OpenSUSE 等。不同版本之间差别不大，建议熟悉哪个就用哪个。对于新手，推荐使用 CentOS 或 Ubuntu。

使用 32 位还是 64 位的操作系统？这里推荐选择 32 位的，除非以下两种情况：VPS 内存远远超过 4 GB，或者要运行的某软件只能在 64 位模式下运行。选用 32 位的操作系统，运行同样的程序，32 位占用内存小；VPS 上使用 32 位的人占多数，64 位与 32 位某些地方有所不同，有疑难问题时，32 位操作系统更容易找资料、找朋友帮忙解决。

内存大小，硬盘容量，每月流量等指标，不言自明，肯定是越大越好；当然，越大也越贵。常见的内存一般在 256 MB～1 GB，硬盘几十吉字节，每月流量几百吉字节。

独立 IP，通常是一个，不够用还可以另外购买。国外有些 VPS 还有一个 IP v6 的地址，只是 IP v6 还没普及，当前实用性不大。

服务器所在地，肯定是距离主要用户群地理距离越近越好，距离近通常意味着网络延迟小，网速快，但这并不是绝对的。

ping 值，一般测试网络质量时，我们都会 ping 一下，看响应时间、丢包率等指标，它们都是越小越好。不过有时 ping 值很低、也不丢包，但网速并不快。ping 值可作为网络质量的一个重要参考。

优秀的 VPS 服务商有：

(1) Vultr。成立时间：2014，公司所在地：新泽西，月付 2.5 美元起；支持支付宝付款，有充值优惠。

(2) BandwagonHost。成立时间：2004，公司所在地：加拿大，年付 19.99 美元起；支持支付宝付款，推荐购买 KVM 架构。

(3) DigitalOcean。成立时间：2014，公司所在地：新泽西，月付 5 美元起；不支持支付宝，支持 Paypal。

(4) Host1plus。成立时间：2008，公司所在地：英格兰和威尔士，月付 2.5 美元起。

(5) AWS Lightsnail。亚马逊的竞品，每月 5 美元起。

9.5.2 CDN

CDN(Content Delivery Network, Content Distribution Network，内容分发网络)技术，是指一种通过互联网互相连接的电脑网络系统，利用最靠近每位用户的服务器，更快、更可靠地将音乐、图片、视频、应用程序及其他文件发送给用户，来提供高性能、可扩展性，同时低成本地将网络内容传递给用户，如图 9.44 所示。

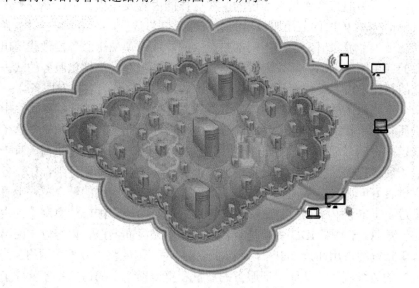

图 9.44　CDN 的网络概念图

1. 什么是 CDN

CDN 的目的是通过在现有的 Internet 中增加一层新的网络架构，将网站的内容发布到最接近用户的网络"边缘"，使用户可以就近获取所需的内容，解决 Internet 网络拥塞状况，提高用户访问网站的响应速度，从技术上全面解决由于网络带宽小、用户访问量大、网点分布不均等原因引起的用户访问网站响应速度慢的基础矛盾。

狭义地讲，CDN 是一种新型的网络构建方式，它是为能在传统的 IP 网发布宽带富媒体而特别优化的网络覆盖层；而从广义的角度，CDN 代表了一种基于质量与秩序的网络服务模式。简而言之，CDN 是一个经策略性部署的整体系统，包括分布式存储、负载均衡、网络请求的重定向和内容管理 4 个重要部件，而内容管理和全局的网络流量管理(Traffic Management)是 CDN 的核心所在。通过用户就近性和服务器负载的判断，CDN 确保内容以一种极为高效的方式为用户的请求提供服务。总的来说，内容服务基于缓存服务器，也称作代理缓存(Surrogate)，它位于网络的边缘，距用户仅有"一跳"(Single Hop)之遥。同时，代理缓存是内容提供商源服务器(通常位于 CDN 服务提供商的数据中心)的一个透明镜像。这样的架构使得 CDN 服务提供商能够代表他们客户，即内容供应商，向最终用户提供尽可能好的体验，而这些用户是不能容忍请求响应时间有任何延迟的。据统计，采用 CDN 技术，能处理整个网站页面的 70%～95%的内容访问量，减轻了服务器的压力，提升了网站的性能和可扩展性。

与目前现有的内容发布模式相比较，CDN 强调了网络在内容发布中的重要性。通过引入主动的内容管理层和全局负载均衡，CDN 从根本上区别于传统的内容发布模式。在传统的内容发布模式中，内容的发布由 ICP(Internet Content Provider，网络内容服务商)的应用服务器完成，而网络只表现为一个透明的数据传输通道，这种透明性表现在网络的质量保证仅仅停留在数据包的层面，而不能根据内容对象的不同区分服务质量。此外，由于 IP 网的"尽力而为"的特性使得其质量保证是依靠在用户和应用服务器之间端到端地提供充分的、远大于实际所需的带宽通量来实现的。在这样的内容发布模式下，不仅大量宝贵的骨干带宽被占用，同时 ICP 的应用服务器的负载也变得非常重，而且不可预计。当发生一些热点事件和出现浪涌流量时，会产生局部热点效应，从而使应用服务器过载退出服务。这种基于中心的应用服务器的内容发布模式的另外一个缺陷在于个性化服务的缺失和对宽带服务价值链的扭曲，内容提供商承担了他们不该做也做不好的内容发布服务。

纵观整个宽带服务的价值链，内容提供商和用户位于整个价值链的两端，中间依靠网络服务提供商将其串接起来。随着互联网工业的成熟和商业模式的变革，在这条价值链上的角色越来越多也越来越细分。比如内容/应用的运营商、托管服务提供商、骨干网络服务提供商、接入服务提供商等。在这一条价值链上的每一个角色都要分工合作、各司其职才能为客户提供良好的服务，从而带来多赢的局面。从内容与网络的结合模式上看，内容的发布已经度过了 ICP 的内容(应用)服务器和 IDC 这两个阶段。IDC 的热潮也催生了托管服务提供商这一角色。但是，IDC 并不能解决内容的有效发布问题。内容位于网络的中心并不能解决骨干带宽的占用和建立 IP 网络上的流量秩序。因此将内容推到网络的边缘，为用户提供就近性的边缘服务，从而保证服务的质量和整个网络上的访问秩序就成了一种显而易见的选择。而这就是内容发布网 CDN 的服务模式。CDN 的建立解决了困扰内容运营商的内容"集中与分散"的两难选择，无疑对于构建良好的互联网价值链是有价值的，也是不可或缺的。

2. CDN 新应用和客户

目前的 CDN 服务主要应用于证券、金融保险、ISP(Internet Service Provider，互联网服务提供商)、ICP、网上交易、门户网站、大中型公司、网络教学等领域。另外在行业专网、互联网中都可以用到，甚至可以对局域网进行网络优化。利用 CDN，这些网站无需投资昂贵的各类服务器、设立分站点。特别是流媒体信息的广泛应用、远程教学课件等消耗带宽资源多的媒体信息，应用 CDN 网络，把内容复制到网络的最边缘，使内容请求点和交付点之间的距离缩至最小，从而促进 Web 站点性能的提高，具有重要的意义。CDN 网络的建设主要有：企业建设的 CDN 网络，为企业服务；IDC 的 CDN 网络，主要服务于 IDC 和增值服务；网络运营上主建的 CDN 网络，主要提供内容推送服务；CDN 网络服务商，专门建设的 CDN 用于做服务，用户通过与 CDN 机构进行合作，CDN 负责信息传递工作，保证信息正常传输，维护传送网络，而网站只需要进行内容维护，不再需要考虑流量问题。

CDN 能够为网络的快速、安全、稳定、可扩展等方面提供保障。

IDC 建立 CDN 网络，IDC 运营商一般需要有分布各地的多个 IDC 中心，服务对象是托管在 IDC 中心的客户，利用现有的网络资源，投资较少，容易建设。例如某 IDC 全国有 10 个机房，加入 IDC 的 CDN 网络，托管在一个节点的 Web 服务器，相当于有了 10 个镜像服务器,就近供客户访问。宽带城域网,域内网络速度很快,出城带宽一般就会出现瓶颈。为了体现城域网的高速体验,解决方案就是将 Internet 网上内容高速缓存到本地,将 Cache 部署在城域网各 POP 点上,这样形成高效有序的网络,用户仅一跳就能访问大部分的内容,这也是一种加速所有网站 CDN 的应用。

3. CDN 的工作原理

为了描述 CDN 的实现原理,让我们先看传统的未加缓存服务的访问过程,以便了解 CDN 缓存访问方式与未加缓存访问方式的差别(见图 9.45)。

图 9.45 未加缓存服务的访问过程

由图 9.45 可见,用户访问未使用 CDN 缓存网站的过程如下:

(1) 用户向浏览器提供要访问的域名;

(2) 浏览器调用域名解析函数库对域名进行解析,以得到此域名对应的 IP 地址;

(3) 浏览器使用所得到的 IP 地址,域名的服务主机发出数据访问请求;

(4) 浏览器根据域名主机返回的数据显示网页的内容。

通过以上四个步骤,浏览器完成从用户处接收用户要访问的域名到从域名服务主机处获取数据的整个过程。

CDN 网络是在用户和服务器之间增加 Cache 层,将用户的请求引导到 Cache 上获得源服务器的数据,主要是通过接管 DNS 实现的。下面让我们看看访问使用 CDN 缓存后的网站的过程,如图 9.46 所示。

图 9.46 访问 CDN 缓存后的网站的过程

通过上图,我们可以了解到,使用了 CDN 缓存后的网站的访问过程变为:

(1) 用户向浏览器提供要访问的域名。

(2) 浏览器调用域名解析库对域名进行解析,由于 CDN 对域名解析过程进行了调整,所以解析函数库一般得到的是该域名对应的 CNAME 记录。为了得到实际 IP 地址,浏览器需要再次对获得的 CNAME 域名进行解析以得到实际的 IP 地址。在此过程中,使用的全局负载均衡 DNS 解析,如根据地理位置信息解析对应的 IP 地址,使得用户能就近访问。

(3) 此次解析得到 CDN 缓存服务器的 IP 地址,浏览器在得到实际的 IP 地址以后,向缓存服务器发出访问请求。

(4) 缓存服务器根据浏览器提供的要访问的域名,通过 Cache 内部专用 DNS 解析得到此域名的实际 IP 地址，再由缓存服务器向此实际 IP 地址提交访问请求。

(5) 缓存服务器从实际 IP 地址得到内容以后，一方面在本地进行保存，以备以后使用，另一方面把获取的数据返回给客户端，完成数据服务过程。

(6) 客户端得到由缓存服务器返回的数据以后显示出来并完成整个浏览的数据请求过程。

通过以上的分析我们可以得到，为了实现既要对普通用户透明(即加入缓存以后用户客户端无需进行任何设置，直接使用被加速网站原有的域名即可访问)，又要在为指定的网站提供加速服务的同时降低对 ICP 的影响，只要修改整个访问过程中的域名解析部分，以实现透明的加速服务。下面是 CDN 网络实现的具体操作过程。

(1) 作为 ICP，只需要把域名解释权交给 CDN 运营商，其他方面不需要进行任何的修改；操作时，ICP 修改自己域名的解析记录，一般用 CNAME 方式指向 CDN 网络 Cache 服务器的地址。

(2) 作为 CDN 运营商，首先需要为 ICP 的域名提供公开的解析，为了实现 sortlist，一般是把 ICP 的域名解析结果指向一个 CNAME 记录。

(3) 当需要进行 sortlist 时，CDN 运营商可以利用 DNS 对 CNAME 指向的域名解析过程进行特殊处理，使 DNS 服务器在接收到客户端请求时可以根据客户端的 IP 地址，返回相同域名的不同 IP 地址。

(4) 由于从 CNAME 获得的 IP 地址带有主机(Hostname)信息，请求到达 Cache 之后，Cache 必须知道源服务器的 IP 地址，所以在 CDN 运营商内部维护一个内部 DNS 服务器，用于解释用户所访问的域名的真实 IP 地址。

(5) 在维护内部 DNS 服务器时，还需要维护一台授权服务器，控制哪些域名可以进行缓存，而哪些又不进行缓存，以免发生开放代理的情况。

4. CDN 的技术手段

实现 CDN 的主要技术手段是高速缓存、镜像服务器，可工作于 DNS 解析或 HTTP 重定向两种方式，通过 Cache 服务器或异地的镜像站点完成内容的传送与同步更新。DNS 方式的用户位置判断准确率大于 85%，HTTP 方式的准确率为 99%以上；一般情况下，各 Cache 服务器群的用户访问流入数据量与 Cache 服务器到原始网站取内容的数据量之比在 2：1～3：1 之间，即分担 50%～70% 的到原始网站重复访问数据量(主要是图片、流媒体文件等内容)；对于镜像，除数据同步的流量，其余均在本地完成，不访问原始服务器。

镜像站点(Mirror Site)服务器是我们经常可以看到的，它让内容直截了当地进行分布，适用于静态和准动态的数据同步。但是购买和维护新服务器的费用较高，另外还必须在各个地区设置镜像服务器，配备专业技术人员进行管理与维护。大型网站在随时更新各地服务器的同时，对带宽的需求也会显著增加，因此一般的互联网公司不会建立太多的镜像服务器。

高速缓存手段的成本较低，适用于静态内容。Internet 的统计表明，超过 80% 的用户经常访问的是 20% 网站的内容。在这个规律下，缓存服务器可以处理大部分客户的静态请求，而原始的 Web 服务器只需处理约 20% 左右的非缓存请求和动态请求，于是大大加快了客户请求的响应时间，并降低了原始 Web 服务器的负载。根据美国 IDC 公司的调查，作为

CDN 的一项重要指标——缓存的市场正在以每年近 100%的速度增长。网络流媒体的发展还将刺激这个市场的需求。

5. CDN 的网络架构

CDN 网络架构主要有两大部分：中心和边缘两部分。中心指 CDN 网管中心和 DNS 重定向解析中心，负责全局负载均衡，设备系统安装在管理中心机房。边缘主要指异地节点。CDN 分发的载体，主要由 Cache 和负载均衡器等组成。

当用户访问加入 CDN 服务的网站时，域名解析请求将最终交给全局负载均衡 DNS 进行处理。全局负载均衡 DNS 通过一组预先定义好的策略，将当时最接近用户的节点地址提供给用户，使用户能够得到快速的服务。同时，它还与分布在世界各地的所有 CDN 节点保持通信，搜集各节点的通信状态，确保不将用户的请求分配到不可用的 CDN 节点上，实际上是通过 DNS 完成全局负载均衡。

对于普通的 Internet 用户来讲，每个 CDN 节点就相当于一个放置在它周围的 Web。通过全局负载均衡 DNS 的控制，用户的请求被透明地指向离他最近的节点，节点中 CDN 服务器会像网站的原始服务器一样，响应用户的请求。由于它离用户更近，因而响应时间必然更快。

每个 CDN 节点由两部分组成：负载均衡设备和高速缓存服务器。

负载均衡设备负责每个节点中各个 Cache 的负载均衡，保证节点的工作效率；同时，负载均衡设备还负责收集节点与周围环境的信息，保持与全局负载 DNS 的通信，实现整个系统的负载均衡。

高速缓存服务器(Cache)负责存储客户网站的大量信息，就像一个靠近用户的网站服务器一样响应本地用户的访问请求。

CDN 的管理系统是整个系统能够正常运转的保证。它不仅能对系统中的各个子系统和设备进行实时监控，对各种故障产生相应的告警，还可以实时监测到系统中总的流量和各节点的流量，并保存在系统的数据库中，使网管人员能够方便地进行进一步分析。通过完善的网管系统，用户可以对系统配置进行修改。

理论上，最简单的 CDN 网络有一个负责全局负载均衡的 DNS 和各节点一台 Cache，即可运行。DNS 支持根据用户源 IP 地址解析不同的 IP，实现就近访问。为了保证高可用性等，需要监视各节点的流量、健康状况等。只有当一个节点的单台 Cache 承载数量不够时，才需要多台 Cache；只有多台 Cache 同时工作，才需要负载均衡器，使 Cache 群协同工作。

习　题

1. 公有云的供应商中，全球市场份额占比最大的是谁？国内是谁？
2. 混合云适合什么样的企业采用？
3. 选择一个云平台，应该考虑哪些因素？
4. 作为在校学生，要租用一台云主机，国内和国外有哪些好的选择？怎样获得最低的学生优惠价？

5. 要申请 Windows 云主机，是否去微软的 Azure 申请最优惠？为什么？如果是 Linux 云主机呢？

6. 和国外云主机申请相比，国内云主机申请要注意什么？

7. 和国外云主机申请相比，为什么国内云主机的价格高且配置低？其背后可能的原因是什么？

8. 亚马逊 AWS 的免费政策是怎样的？一年期到期时，应该注意什么来避免产生额外费用？

附录　VirtualBox

对于个人或非商业使用，免费的桌面端虚拟机软件有以下几个选择：

(1) Windows Virtual PC，免费，而且可以安装免费的 Windows XP 虚拟机，仅适用于 Windows 7 操作系统，不支持 Windows 10。

(2) Hyper-V on Windows 10，免费，仅适用于 Windows 10 专业版、企业版、教育版，不支持家庭版(Home)。

(3) Oracle VirtualBox，开源免费，支持 Windows、MacOS X、Linux 等多个操作系统。

(4) VMware Workstation Player，免费。

关于 VirtualBox 和 VMware 的比较，可以参考以下文章：

(1)《VMware vs.VirtualBox: Which is Better for Desktop Virtualization》。

(2)《VirtualBox or VMWare: Which is best for you? 》。

相对而言，VirtualBox 因开源的缘故，功能性、可玩性更胜一筹。例如，它比 VMWare 多具备了 2 个很实用且是 VMWare 收费版才具备的功能：

(1) 建立快照(Snapshots)功能。可以将虚拟机的当前状态建立一个快照，在虚拟机上面进行各种操作后，可以很方便快速地回滚到之前存储的快照，好像什么都没有发生一样。这个功能对于在虚拟机上安装测试第三方软件很有用，如附图 1 所示。

附图 1　VirtualBox 的快照功能

(2) 共享文件夹(Shared Folders)功能。可以在虚拟机上 Mount 一个网络文件夹，指向宿主机的某个文件夹，方便宿主机和虚拟机之间文件交换。注意，此功能必须要在虚拟机内安装"Guest Additions"才能使用，如附图 2 所示。

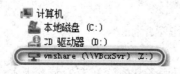

附图 2　VirtualBox 的共享文件夹功能

下面将以 Windows 10 为宿主机,安装 VirtualBox 6.0.x 并运行 Ubuntu 虚拟机为例(Windows 虚拟机将更简单),简要描述一下 VirtualBox 的几个实用功能。

1. 共享文件夹

如前所述,共享文件夹(Shared Folders)需要依赖于"Guest Additions",因此必须在虚拟机上先安装它。官方用户手册的 Chapter 4. Guest Additions 对此有详细描述。

安装步骤如下:

启动虚拟机,点选菜单"Devices | Insert Guest Additions CD image..."来将此 CD 镜像放到虚拟机的光驱里,如附图 3 所示。

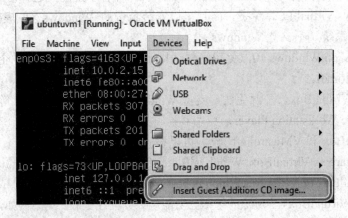

附图 3　VirtualBox 插入 Guest Additions 光盘

(1) 如果虚拟机是 Windows 操作系统,则在资源浏览器里找到此光驱,打开并安装即可。安装完成后,对光驱点右键,选择弹出此 CD 镜像。重启虚拟机生效。

(2) 如果虚拟机是 Linux 操作系统,则需要以 root 用户先挂载 CD-ROM 再安装。步骤如下:

```
# insert the Guest Additions CD image at first.

# mount the CD-ROM.
cd /mnt
mkdir cdrom
mount /dev/cdrom /mnt/cdrom

# run the installer.
cd /mnt/cdrom
./VBoxLinuxAdditions.run

# sometimes need reboot to take effect.
reboot
```

安装完成后,我们可以查看服务状态,还有安装的版本。

```
# check the vboxadd-service status, it should be started.
```

systemctl status vboxadd-service

\# check the version installed.

ls /opt | grep VBox

在本例中，虚拟机的共享文件夹设置如附图 4 所示。设置共享文件夹名称为"vmshare"，它是宿主机上的文件夹 D:\VirtualBox_VMs\vmshare，选择复选框"Automount"，并设置"Mount Point"。

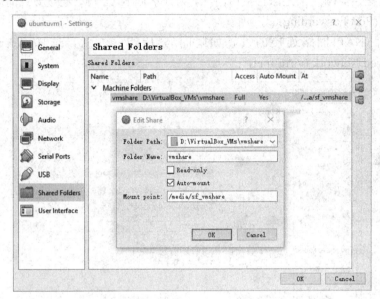

附图 4　VirtualBox 共享文件夹设置

重启生效后，此共享文件夹将被自动挂载到/media/sf_vmshare，只有 root 用户才有权限访问。经查看，此路径属于"vboxsf"组：

bobyuan@ubuntuvm1:~$ ls -l /media

total 8

drwxrwx--- 1 root vboxsf 8192 Jan 15 08:21 sf_vmshare

为了让当前用户"bobyuan"能够访问此文件夹，需要将"bobyuan"也加入到"vboxsf"组内。

\# add user to group.

sudo usermod -aG vboxsf bobyuan

重新登录后，通过 groups 命令检查一下，确保当前用户已经是"vboxsf"组的成员，即可顺利读写此共享文件夹了。

在某些情况下，如果共享文件夹没有自动挂载，则可以用如下命令进行手动挂载：

\# format:　mount -t vboxsf [-o OPTIONS] sharename mountpoint

sudo mount -t vboxsf vmshare /media/sf_vmshare

若是想在系统启动时自动挂载，则添加一条配置到/etc/fstab：

\# format:　sharename　mountpoint　vboxsf　defaults　0　　0

vmshare /media/sf_vmshare vboxsf defaults 0 0

2. 网络连接方式

常用的网络连接方式有两种，即桥接方式(Bridged Adapter)和网络地址转换方式(NAT)。其中，桥接方式最简单，它让虚拟机更像是一台独立的机器，虚拟机的网卡直接连接物理网络。这种情况下，我们在虚拟机里面查得它的 IP 地址，就可以在当前网络上直接访问。

另一种是 NAT 网络连接方式，相对复杂些，虚拟机的网卡会分配一个内部网址，而这个内部地址是在当前网络上无法直接访问的。为了访问 NAT 网络连接方式的虚拟机，必须通过端口映射(Port Forwarding)。

首先确保 NAT 网络连接的设置如附图 5 所示。注意，选择 Adapter Type 为 "Paravirtualized Network (virtio-net)"。

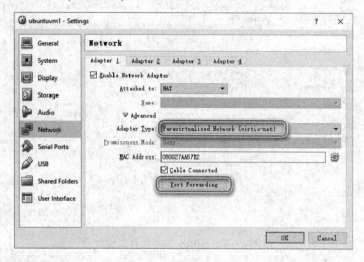

附图 5　VirtualBox 端口转发

按 "Port Forwarding" 按钮，在弹出的对话框里面输入规则。例如，下面增加了一条(也可以多条)，将 Windows 宿主机的 "10022" 端口，映射到虚拟机的 "22" 端口，我们用 "SSH" 来命名此规则，如附图 6 所示。

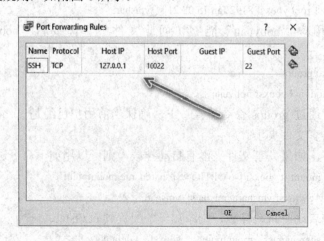

附图 6　VirtualBox 端口转发规则

若用 PuTTY 来连接此服务器，则可以按照如附图 7 所示的内容输入。

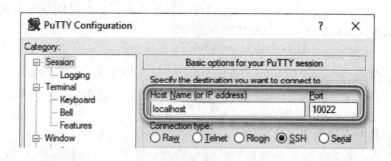

附图 7　VirtualBox 用 PuTTY 连接

虚拟机上每个需要暴露给外界的端口，都需要在 Windows 宿主机上设一个端口用于跳转。因此，需要保证所选的端口号在宿主机上未被占用，以免端口冲突。至此，任务已经完成了。细心的读者可能已经发现，这里并未输入虚拟机的 IPv4 地址(在例子中是 10.0.2.15)，它不需要。

3. Portable-VirtualBox

Portable-VirtualBox 是一个非官方的个人作品，能将 VirtualBox 作为移动模式，安装在 USB 移动硬盘上。它的好处显而易见。虚拟机通常都很占磁盘空间，而且通常情况下会有多个虚拟机，因此占用几十或上百吉字节(GB)的空间是很平常的。将虚拟机转移到移动硬盘上，可以很大程度缓解电脑有限的磁盘空间的占用。更别说我们可以用多个移动硬盘了。

我们可以这样使用它：

(1) Windows 宿主机事先已经安装了 VirtualBox，但不要启动安装的 VirtualBox 图形界面。将安装了 Portable-VirtualBox 的移动硬盘接上，在宿主机上"磁盘管理"中设置指定此移动硬盘使用"V"盘符(即 VirtualBox 的首字符，也可以选择其他盘符)，目的是锁定移动硬盘的盘符。这样设置完成后，每次此移动硬盘接驳上，都将固定作为 V 盘访问。

(2) 在移动硬盘上启动 Portable-VirtualBox，稍等片刻等图形界面出现，在设置中配置虚拟机的存放位置、共享文件夹的位置等，保存这些设置。

(3) 在移动硬盘上 Portable-VirtualBox 的图形界面里使用虚拟机。

要退出使用时，需先关闭全部虚拟机，再关闭 Portable-VirtualBox 图形界面，最后弹出此移动硬盘。

这种模式在使用中需要注意以下几点：

(1) 保持宿主机上安装的 VirtualBox 和移动硬盘上安装的版本一致。如果宿主机升级了，也要保证所有移动硬盘上的安装升级到同样的版本。升级 VirtualBox 也同时需要升级虚拟机里安装的"Guest Additions"。

(2) 移动硬盘最好是高速接驳，例如 USB 3.0 或更高速的连接方式。还可以考虑使用固态的移动硬盘。

(3) 注意保持连接的稳定，不能在使用过程中中断，否则有可能导致整个虚拟机的存储文件损坏，造成数据丢失。

鉴于上述第(3)点的风险，使用这种模式请谨慎。

4. 增加硬盘空间

新建虚拟机的时候，有一项设置是预设虚拟磁盘空间。若在后期使用中发现之前设定的磁盘空间不够，想扩容，则可以使用以下方法：

(1) 添加一块新的虚拟硬盘，挂载到虚拟机上成为第二块硬盘。

(2) 先备份虚拟机，可以选择文件复制的方式来备份。在"File | Virtual Disk Manager..."里扩大虚拟磁盘".vdi"的存储空间，然后启动虚拟机，在虚拟机内用磁盘管理工具将未分配的磁盘空间利用上。

上述第(1)种方式最简单，适用于之前的虚拟硬盘尚可以安装操作系统，需要扩充数据存储空间的情况。即在不改变之前服役的虚拟硬盘前提下，增加额外的(可以多块)虚拟硬盘来扩大数据存储空间。

第(2)种方式较复杂，适用于之前的虚拟硬盘已经无法安装操作系统的情况。这在有些情况下是做不到的(例如之前硬盘的分区方式无法扩容)，且存在一些技术上的挑战。